KB088930

다른 엄마 말대로 아이를 키우지 않겠습니다

다른 엄마 말대로 아이를 키우지 않겠습니다

김화정 지음

두드림미디어

프롤로그

부모와 아이의 행복을 위해

나는 18년 차 초등학교 교사다. 그리고 16년 차 아내며, 15년 차 엄마다. 교사, 아내, 엄마의 역할을 모두 해나가는 것은 쉬운 일이 아니었다. 처음 교사가 되었을 때도 서툴렀고, 처음 결혼을 했을 때도 서툴렀고, 처음 엄마가 되었을 때도 서툴렀다. '왜 서툴다고 생각했을까?' 교사로서, 아내로서, 엄마로서 처음이라는 두려움과 불안이 나를 옥죄었던 것 같다. 그리고 무엇이 중요한지 내가 잘 몰랐던 것 같다.

첫아이를 키울 때 '우리나라에서 아이 키우는 것이 왜 이리 힘들지? 이민 가서 아이를 키우고 싶다'라는 생각이 들었다. 왜 유독 우리나라에서 아이를 키우는 것이 힘들까? 우리나라에서 아이를 키우는 것은 부모의 사랑, 정성, 희생만 내어주어야 하는 것이 아니라 부모의 모든 것을 내어줘야 한다고 강요한다는 생각이 들었다.

요즘은 옛날보다 육아 정보가 넘쳐난다. 육아서뿐만 아니라, 블로그, 유튜브, 인스타그램, 거기에 맘카페까지. 육아에 대한 정보를 쉽고 빠르게 얻을 수 있다. 육아 정보를 접하면 접할수록 부모로서 아이에게 해줘야 하는 것이 버킷리스트처럼 늘어난다. 처음 아이를 키우는 것도 벅찬 데다 꼭 해야 하는 것들까지 더해지니 아이를 낳아 기르는 것은 힘든 일이라는 인식이 생기게 되었다. 이런 인식으로 인해서 부모가 되는 것에 부담을 느끼는 사람이 많아지고 있다.

18년 동안 수많은 아이와 부모들을 만났다. 부모와 상담을 하다 보면 안타까울 때가 너무나 많다. 모두 아이를 잘 키우고 싶어서 고민하고 방법을 찾으려고 한다. 하지만 부모는 걱정과 불안으로 가득 차 있다. 자신의 육아 방식이 잘못되었다고 생각하면서도 '남들이 하니까…', '나만 안 하면 우리 아이만 뒤처지지 않을까?' 하는 불안함으로 아이를 키운다. 이 방법이 잘못된 방향임을 알면서도 쉽게 놓지 못한다. 우리 아이를 위한 육아를 하지 않고 다른 엄마들의 말만 듣고 방향을 잃은 채 갈피를 잡지 못하고 있다.

지금의 부모들은 어느 때보다 아이를 잘 키우고자 정성을 많이 쏟는다. 내가 어렸을 때만 해도 먹고살기 바빠서 지금처럼 부모가 아이에게 신경을 많이 쓰지 못했다. '잘 크겠지'라는 생각으로 아이를 키웠다. 지금의 부모들은 '남들이 하는 것은 다 해줘야지' , '공부만 잘한다면 아이의 고통과 시련까지 내가 다 감당해야지'라고 생각한다. 부모들은 여기에 너무 힘을 많이 쏟는다. 사실 여기에서 힘을 빼면 육아는 정말 쉬워진다. 남들과 비교하고 남들을 따라 하다 보면 어느새 육아에 우리 아이는 빠져 있고 남의 아이가 중심이 된다. 이렇게 아이에게 사랑, 정성, 희생 그리고 나의 모든 것을 주고 육아를 했지만, 부모에게 돌아오는 것은 행복을 느끼지 못하는 아이뿐이다.

아이들은 학원을 다람쥐 쳇바퀴 돌듯이 돌면서 행복에서 점점 멀어져가고 있다. 부모들은 입시제도가 바뀌어야 한다고 한다. 지금까지 입시제도는 계속 변화되고 있다. 하지만 바뀌지 않는 것은 부모들의 생각이다. 부모들이 생각을 바꾸고 행동해야 한다. 생각만 하고 있으면 아무런 변화가 없다. 지금부터 아이와 부모 모두의 행복을 위해 부모가 먼저 행동해야 한다. 그 시작은 다른 엄마 말에 귀 기울이는 것이 아니라, 내 아이의 말에 귀 기울이는 것이다.

그럼 과연 우리는 어떻게 아이를 키워야 할까? 아이를 키우는 데 정답은 없다. 아이마다 기질과 특성도 다르고 부모가 아이를 키우는 가치관도 다르기 때문이다. 문제는 부모가 내 아이의 기질과 특성도 잘 모르고, 부모 스스로 아이를 키울 가치관도 정립되어 있지 않다는 것이다. 그래서 육아서에 적힌 한마디에 흔들리고, 다른 엄마 말 한마디에 걱정과 불안에 휩싸인다.

걱정과 불안을 떨쳐내기 위해서는 어떻게 해야 할까? 사실은 쉽다. 제일 먼저 관찰을 통해 우리 아이의 기질과 특성을 파악하는 것이다. 그리고 그 기질과 특성을 바탕으로 부모가 중요하게 생각하는 가치로 교육관을 정립하는 것이다. 그 교육관을 바탕으로 아이를 키운다면 육아서의 말이 한 사람의 의견일 뿐이고, 다른 엄마의 말로 우리 아이를 대신 키울 수 없다는 사실을 알게 될 것이다.

제발, 다른 엄마 말대로 아이를 키우지 말자! 우리 아이를 육아의 중심에 두고 키우자. 그럼 부모도 행복하고 아이도 행복한 육아가 시작될 것이다.

나의 경험과 깨달음, 해결책을 한 권의 책으로 펴낼 수 있도록 많은 도움을 주신 '한국책쓰기강사양성협회'의 김태광 대표 코치님과 '위닝북스'의 권동희 대표님께 감사의 인사를 드린다.

마지막으로 책 쓰기를 권유해준 사랑하는 남편, 책 쓰는 과정에서 응원해준 우리 아이들, 그리고 존경하는 부모님, 그리고 대한민국의 부모와 아이를 위해 이 책을 바친다.

김화정

*이 책의 사례에서 등장하는 모든 이름은 가명입니다.

목 차

3장 | 부모가 해야 할 일과 하지 않아야 할 일

4장 | 나와 우리 아이 모두가 행복해지는 확신 육아

5장 | 다른 엄마 말대로 아이를 키우지 않겠습니다

1장

너무나 힘든 육아, 정말 답이 없을까?

일관성 없는 엄마, 흔들리는 육아

나는 첫아이를 낳고 육아휴직을 했다. 친구들에 비하면 일찍 아이를 낳은 셈이다. 결혼도 일찍 했고, 바로 임신도 했으니 말이다. 친구들은 모두 직장에 다니고 있어서 나는 평일 낮에 만날 사람이 없었다. 그래서 매일 퇴근하는 남편만 기다렸다. 첫아이를 키울 때는 아주 서툴기도 하고 힘도 들었다. 아이를 잘 키워야 한다는 생각에 내 모든 것을 내어주기만 했다. 사랑, 희생, 정성, 모두 당연히 그렇게 해야 한다고 믿으면서 말이다.

육아가 처음인 나는 아이를 어떻게 키워야 할지 막막했다. 아이를 낳고 육아를 하다 보니 사랑, 희생, 정성만 내어주어야 하는 것이 아니었다. 새로운 상황과 도전에 끊임없이 선택하고 스스로 해결해야만 했다. 게다가 그 상황에 적응도 해야 했다.

주입식 교육을 받은 우리 세대는 새로운 상황과 도전이 두려움으로 먼저 다가온다. 그래서 누군가 "아이를 이렇게 키우세요!" 하고 일타 강사처럼 이야기해주기를 원한다. 그런 상황을 해결하기 위해 엄마들이 가장 먼저 하는 것이 있다. 바로 육아 정보를 알려주는 맘카페 가입이다. 엄마들은 고민만 생기면 맘카페 문을 두드린다. 맘카페에 가입한 후, 제일 먼저 나와 같은 고민을 하는 엄마들이 많다는 것에 안도한다. 그리고 '나만 힘든 게 아니구나', '나만 모르는 게 아니구나' 하고 위안을 얻는다.

아기가 태어났을 때, 가장 많이 하는 첫 질문은 "아기가 왜 계속 우나요?"다. 그럼 대부분 이렇게 말한다.

"아기가 계속 우는 이유는 배가 고프거나, 잠자리가 불편하거나, 기저귀가 젖어 있을 수 있어요. 이때 아기의 울음소리가 이유에 따라 다르니 주의 깊게 관찰하세요. 그다음 아기의 욕구를 해결해주면 울음은 그쳐요."

엄마들은 맘카페에서 하라는 대로 하니 아기가 울음을 그치는 경험을 하게 된다. 이런 경험을 한 번 하고 나면 엄마들은 '맘카페에서 시키는 대로만 하면 모든 것이 해결되는구나' 하고 생각한다. 그리고 점점 더 맘카페에 의지하게 된다. 엄마들은 고민만 생기면 내 아이를 중심에 두고 생각하기보다 맘카페 엄마들의 말을 신의 말인 것처럼 믿고 따르게 된다.

영아기에 생기는 고민은 엄마가 아이의 불편한 욕구를 알아채고, 원인을 제거하면 대부분 해결된다. 문제는 말을 하기 시작하면서다. 같은 또래 아이가 우리 아이보다 발달이 빠르면 그때부터 엄마들은 조바심이 생긴다. '저 집 아이는 문장으로 말하네. 우리 아이는 엄마라는 말도 제대로 못하는데…' 하며 걱정을 한 아름 안은 채 집으로 돌아온다. 집에 도착하자마자 맘카페에 들어간다. 이때부터 불행이 시작된다.

"우리 아이는 12개월인데 말을 잘해요.", "우리 아이는 17개월인데 노래를 불러요", "우리 아이는 24개월인데 글자를 읽어요" 같은 게시글만 눈에 들어온다. 그리고 우리 아이를 쳐다본다. 24개월인데 말도 제대로 하지 못하는 아이를 보면서 '내가 아이를 잘못 키웠나?' 하는 생각에 우울해진다. 그때부터 아이에게 "엄마 해봐, 엄마. 왜 엄마라는 말도 못해" 하면서 강요하게 된다.

아이의 입에서 엄마라는 단어가 나오기까지 1,000번은 들어야 한다. 아이가 말이 빠르다는 것은 부모가 말을 많이 들려줬기 때문이다. 똑같이 아이를 키워도 첫째보다 둘째가 말이 빠르다. 첫째를 키울 때는 말을 들려주는 대상이 부모로 거의 한정되어 있다. 그런데 둘째가 태어나면 말을 들려줄 수 있는 대상이 늘어난다. 그리고 부모가 첫째와 대화하는 것도 둘째에게는 말을 계속 들려주는 상황이 된다. 만약 첫째인데 말이 빠르다면 부모가 책을 자주 읽어주는 경우가 많다는 것을 알아야 한다. 이 사실을 알고 우리 아이에게 적용하면서 느긋하게 기다리면 된다. 언젠가 말은 다 한다. 제발 걱정하지 마시라. 시간이 지나면 '내가 왜 이런 걱정을 했지? 쓸데없는 걱정이었네' 하고 웃는 날이 온다.

엄마의 불안 원인은 '듣고 본 것이 많다'는 것이다. 이보다 더 큰 원인은 '우리 아이가 육아의 중심에 없다'는 것에 있다. 정리해보면 한마디로 '듣고 본 것은 많은데 육아의 중심에 우리 아이가 없다'고 할 수 있다. 그럼 어떤 일이 생길까? 엄마는 자신의 아이만 쳐다보지 않고 남의 아이와 비교하기 시작한다. 엄마 스스로가 우리 아이를 위해 무엇을 해야 하는지 혼동되기 시작한다. 즉, 자신의 육아 목표가 분명하지 않은 것이다. 그래서 생각만 많고 명확한 답을 찾기가 어려워진다.

아이마다 발달 속도와 성장 속도가 다르다. 따라서 가장 중요한 것은 우리 아이를 객관적으로 판단하는 것이다. 다른 아이들과 비교하기 시작하면 항상 불행할 수밖에 없다. 아이를 키우는 엄마만 불행하면 다행이다. 중요한 것은 말도 하지 못하는 우리 아이도 불행해진다는 것이다.

코로나 종식의 알림과 동시에 올해부터 학교 교육과정 설명회가 비대면이 아닌 대면으로 이루어진다. 내가 다니는 학교도 교육과정 설명회에 부모님을 모시기로 했다. 전체 교육과정 설명회가 끝나면 각 교실에서 담임 선생님과 대화 시간이 마련되어 있다. 게다가 상담도 같이 이루어진다. 그래서 나는 부모님과 상담이 이루어지기 전에 아이들과 면담을 한다.

아이들과 면담을 하면서 자신이 좋아하는 것, 잘하는 것, 학교에서 생활하면서 힘든 점, 학교생활에 기대되는 점, 부모님께 바라는 점, 자신이 고쳐야 할 점 등을 질문하고 들어보는 시간을 가졌다. 오롯이 나는 듣기만 했다. 그리고 부모님께 바라는 점이 있으면 선생님이 대신 잘 전달해주겠다고 말했다. 그렇게 말하니 "엄마가 화 좀 안 냈으면 좋겠어요", "부모님께서 싸우지 않았으면 좋겠어요", "부모님이 말할 때 욕을 쓰지 않았으면 좋겠어요", "가족여행을 많이 다녔으면 좋겠어요"라는 말이 제일 많았다. 선생님이 부모님께 잘 전달하겠다고 약속하고 면담을 끝냈다.

학교 교육과정 설명회가 끝나고, 우리 반 교실에서 어머니들과 대화 시간을 가졌다. 우리 반 학생은 모두 23명이다. 그중 7명 학생의 어머니가 오셨다. 먼저 돌아가면서 자기소개 시간을 가졌다. 다들 자신의 이름이 아닌 아이의 이름으로 자신을 소개하셨다. 마지막 인사를 하신 어머니만 자신의 이름으로 소개하셨다. 어머니의 자기소개를 들으면서 '엄마로 산다는 것은 자신의 이름 대신 아이의 이름으로 사는 것일까?' 하는 생각이 들었다.

그다음, 자신의 아이에 대해 장점 2~3가지씩 말해달라고 했다. 처음에는 어머니들이 난감한 표정을 지으셨다. 이내 자신감 넘치는 어머니께서 먼저 말하겠다며 아이의 장점을 말했다. 그다음 차례부터는 부모님들이 봇물 터지듯이 자기 아이의 장점을 말하기 시작했다. 네 번째 어머니까지는 아이의 장점을 말씀하시고 분위기도 화기애애했다. 그런데 그다음 어머니께서는 계속 아이의 걱정되는 면만 말씀하셨다. 그래서 내가 웃으며 "어머니 단점 말고 장점을 말해주세요"라고 말하니 "아…, 그게…" 하시며 여전히 아이에 대한 걱정만 계속 말씀하셨다. 어머니께서는 자신의 아이가 말을 조리 있게 하지 못해서 손해를 본다고 생각하셨다. 그런 어머니에게 아이는 누구보다 자신의 의사를 잘 이야기한다고 말씀드렸더니 그 이야기를 듣고 깜짝 놀라셨다.

걱정이 많은 어머니의 아이들은 자기 스스로 해결하는 힘이 부족하다. 그래서 "우유, 마셔도 돼요?", "쉬는 시간인데 화장실 가도 돼요?"까지 물어본다. 자신의 행동에 대해 계속 확인받고 싶어 한다. 어머니의 걱정이 그대로 아이의 마음속에 불안함으로 투영된 것이다.

부모는 '좋은 직업을 가졌으면 좋겠다', '나보다 더 잘 살았으면 좋겠다' 하는 마음으로 아이에게 부모보다 더 나은 미래를 맞이하게 해주겠다는 생각으로 학원을 10개씩 보낸다. 그리고 학원을 많이 보내는 것이 대단한 일인 것처럼 남들 앞에서 자랑한다.

남보다 더 앞서가면 좋겠다는 마음. 이 마음이 육아의 본(本)을 잊게 만든다. 부모는 가장 먼저 내 아이를 객관적으로 판단하고 아이의 상황에 맞게 결정해야 한다. 그래야 육아에 일관성이 생기고, 나의 육아에 확신이 생긴다. 모든 답은 '우리 아이'에게 있다는 것을 절대 잊지 말자.

좋은 엄마 콤플렉스에서 벗어나라

아이들이 하교한 후, 옆 반 선생님께서 우리 반에 오셨다.

"선생님, 뭐 좀 여쭤봐도 돼요? 작년에 승윤이가 선생님 반이었지요?"

옆 반 선생님은 눈을 동그랗게 뜨고 아주 궁금하다는 표정으로 나에게 물었다.

"네, 맞아요. 승윤이한테 무슨 일 있어요?"

"그게…, 승윤이가 오늘 학교에 왔는데 얼굴에 상처가 나 있었어요. 그래서 물어보았더니 엄마가 공부를 가르치다가 때렸다고 하는 거예요. 혹시 작년에도 이런 일이 있었는지 궁금해서 여쭤보러 왔어요."

"그런 일은 없었는데…. 승윤이가 3학년 때도 항상 늦게까지 공부한다고 자주 말했어요. 승윤이한테 힘들지 않냐고 물어보니까 웃으면서 괜찮다고 하더라고요. 그래서 따로 어머니와 통화는 하지 않았어요."

사실 그러고 나서 얼마 지나지 않아 승윤이 어머니와 통화할 기회가 있었다. 나는 어머니에게 이렇게 물어보았다.

"승윤이가 요즘 많이 늦게 자는 것 같은데 이유가 있나요?"

어머니는 정해진 숙제를 승윤이가 다 해놓지 않으면 밤늦게라도 마쳐야 재운다고 말씀하셨다. 나는 "어머니, 승윤이 숙제 봐주시느라 힘드시겠어요"라고 말하고 통화를 끝냈다.

승윤이는 창의력과 상상력이 뛰어난 아이였다. 질문도 많이 하고, 궁금한 것도 많았다. 가끔 교과 지도서의 정답과 같은 대답을 할 때면 놀라곤 했다. 얼마나 예습했으면 그렇게 똑같이 대답할까 생각하며 안타깝기도 했다.

승윤이는 글을 쓸 때마다 이 글자가 맞냐고 나에게 물었다. 숙제로 써오는 일기에는 글자를 지우고 다시 고쳐 쓴 흔적이 많았다. 승윤이한테 물어보니, 엄마가 자신이 쓴 일기를 봐주며 틀린 글자를 지우고 다시 쓰게 했다고 말했다.

3월 초가 되면 아이들에게 일기를 왜 쓰는지 어떻게 써야 하는지 안내한다. 아이들과 같이 일기를 써보는 것은 물론, 부모님께도 일기 쓰는 법에 관한 안내장을 보낸다. 그리고 안내장을 아이들과 함께 읽어보고 일기 쓰기를 지도해주십사 부모님들께 부탁드린다.

일기를 쓸 때 부모님들이 가장 중요하게 생각하는 것 중 하나가 맞춤법이다. 맞춤법에만 초점을 두느라 아이 일기 속의 멋진 생각은 아예 안중에도 없는 경우가 많다. 맞춤법은 글쓰기 요소 중의 하나일 뿐이다. 맞춤법만 따지다 보면 아이의 글 속 멋진 생각은 잡아낼 수 없게 된다. 그래서 아이의 일기를 봐줄 때 자형(字形)이나 맞춤법은 그냥 놓아두시라고 안내한다. 그리고 아이가 자기 생각을 자유롭게 표현할 수 있도록 지도해달라고 부탁드린다.

그러나 부모님들은 아이의 눈높이에서 생각하려고 하지 않으신다. 그보다는 교사한테 아이가 인정받았으면 하는 바람에 글자를 이쁘게 쓰라고 강요하신다. 심지어 아이가 쓴 글까지 지우곤 자기 생각으로 도배한 일기장을 학교에 보내시기도 한다.

그러면 과연 아이는 일기 쓰기에서 무엇을 배울까? 일기는 힘든 것, 엄마가 쓰라고 해서 마지못해 쓰는 것으로 생각하지 않을까? 이런 경험을 한 아이는 엄마가 자신을 인정해주지 않는다고 생각한다. 엄마로서는 억울한 일이다. 자신은 아이를 위해 그랬을 뿐인데…. 그런데 과연 이런 행위가 아이를 위한 것일까?

승윤이의 형은 공부를 잘한다고 했다. 어머니로서는 형만큼 못한 승윤이를 보며 애가 탔을 것이다. 3학년 때 승윤이는 나에게 공부가 힘들지는 않다고 했다. 하지만 4학년이 된 승윤이는 공부가 힘들고 하기 싫다고 한다. 과연 승윤이 어머니는 누구를 위해 승윤이의 공부에 매달리시는 걸까? 자신의 욕심을 채우기 위해서는 아닐까? 승윤이는 엄마가 좋은 사람이라고 생각할까?

요즘 엄마들은 주말이면 아이를 데리고 전시회, 박물관, 체험장 등을 다닌다. 아이들을 그런 곳에 데리고 다니는 게 좋은 엄마의 역할인 양 체험 후기를 인스타그램이나 맘카페 등에 올린다. "오늘 우리 아이 데리고 체험학습 다녀왔어요" 하면서 말이다. 그런데 사진을 볼라치면 엄마만 즐거워 보인다. 아이를 위해 체험하러 간 건지, 사진을 찍어 인스타그램에 올리곤 '나는 좋은 엄마입니다'라고 광고하려는 건지 도무지 알 수가 없다.

첫째 아이가 3학년 여름방학 때, 서울로 여행을 갔다. 뙤약볕이 내리쬐는 한여름이었다. 처음 도착한 곳은 창덕궁이었다. 마침 해설사가 창덕궁의 역사를 설명하고 있었다. 그래서 우리 가족도 그 행렬에 참여했다. 나는 내심 아이에게 좋은 기회라고 생각하며 기뻤다.

그런데 8월의 창덕궁은 너무나 더웠다. 첫째는 해설사의 말에 관심도 없어 보였다. 나는 안타까워하며 첫째에게 집중해서 들으라고 채근했다. 결국은 아이가 힘들어해 중간에 대열에서 빠져나오고 말았다. 나는 속상했다. '이런 기회가 또 언제 올지 모르는 일인데…'라고 혼잣말하며 창덕궁을 나왔다.

그 후, 아이가 5학년이 되었을 때 서울에 갈 일이 있었다. 그때 창덕궁을 지나가게 되어 아이에게 "네가 3학년 여름방학 때 여기왔었잖아"라고 말하자, 아이는 "맞아! 엄마, 그때 너무 더워서 창덕궁에서 나가고 싶다는 생각밖에 없었어. 이제 창덕궁은 다시는 가고 싶지 않아"라고 말하는 것이었다.

그때 아차 싶었다. 아이를 위해 창덕궁에 갔다고 생각했는데, 내 만족을 위해 갔을 뿐이라는 걸 깨달은 것이다. 나는 아이를 체험활동에 데리고 다니는 게 좋은 엄마의 역할이라고 생각했다. 아마도 '내가 어렸을 때는 가족여행이란 건 가본 적도 거의 없고, 외식도 자주 못 했는데, 너희는 얼마나 좋은 세상에 태어났니?' 이런 생각이 내 머릿속에 꽉 차 있었던 게 아닌가 싶다. 참 어리석은 엄마였던 것 같다. 중요한 것은 어디를 가느냐가 아니라, 가까운 공원을 가더라도 아이와 함께 이야기하고 웃을 수 있다면 그게 가장 값진 체험이라는 사실이다.

6학년 담임을 맡았을 때, 앞머리가 눈을 전부 덮고, 항상 후드를 쓰고 다니는 남자아이가 있었다. 처음에는 수줍음이 많아서 그런가 생각했지만, 시간이 지나면서 자신감이 없고 자존감이 낮은 아이라는 것을 알게 되었다. 2학기 상담 기간에 그 아이의 어머니와 상담하게 되었다. 학부모와 상담하기 전에 먼저 그 아이와 이야기를 나누었다. 그때 그 아이는 자신은 자전거를 타고 싶은데 엄마가 못 타게 한다고 하소연했다. 당시 나는 6학년 남자아이인데 왜 자전거를 못 타게 하는지 의아했다.

상담 날 내가 그 까닭을 물어보니, 어머니는 혹여나 아이가 다칠까 봐 못 타게 한다는 것이었다. 게다가 개한테 물릴까 봐 집 밖으로 못 나가게 한다고 하셨다. 집에서 학교까지 걸어서 5분 거리인데도 어머니는 매일 아이를 차에 태워 등하교시키셨다. 만약 지각이라도 할라치면 자신이 지각한 양 늦어서 죄송하다고, 자신이 늦게 일어나서 아이가 늦은 거라고 문자를 보내셨다.

아이가 다칠까 봐, 아이가 힘들까 봐, 어머니 자신이 모든 것을 대신해주는 것이었다. 그러는 사이 아이는 발달단계에 맞는 어떤 것도 배우지 못한 채 학년만 올라왔다는 생각이 들었다. 칼도 사용해보아야 다루는 법을 스스로 터득하게 된다. 그런데 칼을 사용할 기회조차 주지 않는다면 과연 아이가 어떻게 칼질을 배울 수 있겠는가?

요즘 가정에서는 간혹 서너 명까지 낳는 집이 있지만, 대부분은 아이를 한두 명 정도 낳는다. 그러다 보니 좋은 엄마 콤플렉스에 빠진 엄마들은 아이를 위한다는 명목으로 모든 것을 대신해준다. 밥도 떠먹여 주고 책가방도 대신 챙겨주고, 심지어 숙제를 하지 못해 죄송하다는 사과까지도 선생님께 대신 해준다. 그러면 아이는 스스로 밥을 먹는 법을 배우지 못한다. 스스로 숙제나 준비물을 챙길 기회도 잃는다. 또한, 숙제는 꼭 해야 한다는 것을 깨닫는 시간도 갖지 못한다.

지인의 딸이 고등학교 3학년 때, 수능시험을 치르고 며칠 후 이렇게 말했다고 한다.

"엄마, 왜 내 옷 한번 스스로 못 사 입게 했어? 다른 친구들은 다 스스로 사 입던데…."

그 말을 들은 지인은 기가 막혔다고 한다. 그런 부분까지 신경 쓰면 공부에 방해가 될까 싶은 마음에 대신 옷도 사주고 문제집도 골라줬는데… 결국 돌아오는 건 원망뿐이구나 싶었단다. 허탈함과 씁쓸한 웃음을 날리는 건 지인의 몫이었다.

좋은 엄마는 아이가 스스로 할 수 있을 때까지 기다려주는 엄마다. 아이의 시련과 시행착오까지 다 감당해주는 것이 좋은 엄마의 조건은 아니다. 아이만을 바라보고, 아이의 모든 것을 다 해주려고 애쓰는 엄마로 살지 말자. 대신 아이가 성장하는 동안 자신도 함께 성장하는 엄마로 살자. 그게 좋은 엄마라는 사실을 잊지 말자.

우리는 이미 충분히 좋은 엄마입니다

나는 교사 발령을 받고 2년 후 결혼했다. 그리고 3개월 만에 임신했다. 신혼 생활을 누리고 싶었는데 계획에 없는 임신을 하게 되어서 남편을 얼마나 원망했는지 모른다. 지금 생각하면 남편의 잘못이 아니었는데 말이다. 그런 원망도 잠시, 나는 태교를 위해 책을 읽기 시작했다. 아무것도 모르는 엄마보다 지식이 있는 엄마가 새로운 상황에 더 잘 대처할 수 있으리라고 생각했기 때문이다. 물론 똑똑한 아이가 태어나길 바라는 마음도 있었다. 그러나 아이가 태어나고 나서 책에서 익힌 지식과 실제 육아는 거리가 있다는 것을 몸소 알게 되었다. 그래도 조언을 구할 때가 없었던 나는 책으로 아이를 키웠다. 이 책을 따라 해보고, 다른 책을 따라 해보기도 했다. 하지만 그런 내 육아의 중심에는 우리 아이가 빠져 있었다.

첫째가 6세 때쯤, 내 주위에는 아이를 영어유치원에 보내는 엄마들이 종종 있었다. 그리고 동료 선생님 자녀 중에 영어유치원에 다니는 아이들이 있었다. 나도 영어유치원을 보내고 싶었지만, 비용이 만만치 않았다. 그리고 첫째는 6세 때 한글을 유창하게 읽고 쓰는 것이 되지 않았다. 그래서 한글을 먼저 익힌 다음, 영어를 시작하자고 마음 먹었다.

이런 생각을 하고 있을 때쯤 시중에 엄마표 영어에 관한 책들이 쏟아져 나왔다. 그 당시 엄마표 영어책을 보면서 '집에서 이렇게 영어 공부를 할 수 있다고?' 하는 생각에 가슴이 뛰었다. '1학년이 된 첫째에게 당장 시켜봐야지' 하면서 책에서 시키는 대로 실천해보았다. 영어 DVD를 보고 영어책을 따라 들었다. 그리고 도서관에서 영어책을 빌려서 시간 날 때마다 읽어주었다. 심지어 가족들과 여행을 갈 때도 영어 DVD와 영어책 읽기를 쉬지 않았다. 그래서 나는 해외여행을 갈 때도 영어책을 챙겨 갔다. 그 모습을 보고 있던 남편은 어이가 없는지 웃고만 있었다.

남편은 일상생활에서 영어로 인해 힘들어하는 모습이 종종 보였다. 특히, 운전 중에 영어로 이야기하는 소리가 나오면 스트레스를 받았다. 꼭 차 안에서도 이걸 들어야 하냐고 나에게 고충을 토로했다. 급기야 남편은 운전에 집중이 안 된다고 했다. 그리고 가족과 여행을 가는데 바깥 풍경도 보고, 이야기도 해야지 영어 DVD만 보다가 아이의 눈이 나빠지겠다며 바늘로 내 가슴을 콕콕 찔렀다. 사실 나도 속으로는 틀린 말이 아니라는 생각이 들어 아이에게 볼륨을 낮추라고 부탁하고 눈을 감았다.

영어 학습에 열정을 쏟고 있을 때, 둘째는 16개월쯤이었다. 둘째는 영어 영상을 계속 틀어달라고 하루 종일 칭얼거렸다. 나는 아이와 약속한 시간만큼 보여주었는데도 불구하고 둘째는 더 보여달라고 했다. 나는 어떻게 해야 할지 몰라 난감했다. 그리고 너무 어렸을 때 영상에 많이 노출되면 뇌가 손상된다는 이야기를 많이 들었던 터라 걱정이 되었다. 하지만 나는 마땅히 조언을 구할 데가 없어 고민만 했다. 그러던 어느 날, 둘째를 데리고 놀이센터에 갔다. 그곳 원장님과 이야기를 하다가 아이가 영어 영상을 계속 보여달라고 하는 부분이 걱정된다고 말씀드리니 한 가지를 선택하라고 하셨다. 그때 나는 깨달았다. 나의 육아에 중심이 없다는 것을 말이다. 중심이 제대로 잡혀 있지 않아 선택하기 어려웠던 것이었다.

나는 아이를 키우면서 좋은 엄마가 되고 싶었다. 그런 생각이 강할수록 걱정도 늘어갔다. 감정도 들쑥날쑥하고, 가끔 화도 내는 내가 '아이를 망치면 어떡하나?', '나보다 감정 기복이 없는 남편이 아이를 키우면 더 잘 키우지 않을까?', '내가 아이를 키우는 것이 맞나?' 하는 생각이 들어 육아를 하는 순간순간 불안들이 나를 괴롭혔다.

그런 생각을 할수록 나는 육아에 점점 자신감이 없어졌다. 매일 '내가 아이를 잘 키우고 있나?' 불안했고, 누군가에게 잘 키우고 있다고 확신을 받고 싶었다. 마치 황량한 사막을 나 혼자 걸어가고 있는 기분이었다. 내가 가고 있는 이 길이 올바른 방향인지 갈피도 못 잡고서 말이다. 방향을 잃어버린 나는 누가 우리 아이에게 맞는 육아 로드맵을 짜주었으면 좋겠다는 생각까지 들었다.

그랬던 내가 둘째를 키우면서 깨달았다. 우리 아이를 가장 잘 아는 사람은 나라는 것을 말이다. 내가 아이를 잘 키우기 위해 책을 읽는 시간보다 내 아이가 어떤 아이인지 알아가는 시간이 더 중요하고 값진 시간이라는 것을 말이다.

나는 재량휴업일에 책을 읽기 위해 스타벅스에 갔다. 평일 오전이라 삼삼오오 엄마들끼리 모여 이야기를 하고 있었다. 나는 책에 집중하고 싶었다. 하지만 옆 테이블 엄마의 목소리가 워낙 커서 듣고 싶지 않아도 들을 수밖에 없었다. 그 엄마는 "지금은 수학 진도는 어디까지 나가야 한다", "어느 학원에서 서울대를 많이 보냈는데 그 이유가 어쩌고저쩌고…" 하며 목소리를 높여 이야기하고 있었다. 앞에 앉아 있는 두 엄마는 그 엄마에게서 눈도 떼지 않고 이야기에 집중하고 있었다. 마치 그 모습이 신을 찬양하는 모습과 흡사해 보였다.

아이를 잘 키우는 것이 좋은 대학에 보내는 것이라고 생각하는 부모가 많다. 그래서 어렸을 때부터 사교육에 투자를 많이 한다. 그리고 아이에게 사교육을 못 시켜주면 스스로 못난 엄마라고 생각한다.

그런데 요즘은 회사에서 사원을 뽑을 때 학력보다 책임감, 공감 능력, 협업 능력, 문제해결 능력 등을 눈여겨본다고 한다. 학업적 소양은 비슷하기 때문이다. 그래서 책임감 있고 사람들과 함께 일을 할 수 있도록 도울 수 있는 협업 능력을 가진 사람을 선호한다고 한다. 소확행이라고 하며 일상의 소소함에서 행복을 느끼는 지금 세대들은 책임을 지는 것을 꺼린다. 자신의 시간이 중요하고 퇴근이 있는 삶이 중요하다고 생각한다. 그리고 힘든 일은 하려고 하지 않는다. 그래서 더욱 회사에서는 책임감이 있고 사람들을 이끌어줄 수 있는 사람을 선호할 수밖에 없다.

그러면 책임감, 공감 능력, 협업 능력, 문제해결 능력을 학원에서 기를 수 있을까? 이런 능력들은 가정에서 놀이를 통해 충분히 기를 수 있는 부분이다. 그 말은 아이에게 충분히 놀 수 있는 시간만 주어진다면 미래 사회가 필요로 하는 능력을 기를 수 있다는 말이다. 과연 사교육에 목숨 걸 필요가 있을까?

나는 어렸을 때 시골에서 할아버지, 할머니, 엄마, 아빠, 동생 이렇게 한집에서 살았다. 아빠는 회사를 다니시면서 과수원을 일구셨고, 어머니는 소매업을 하셨다. 그 당시 할아버지, 할머니는 술도

잡수시고 담배도 피우셨다. 엄마가 일하셔서 할머니께서 동생을 거의 업어 키우셨다. 할머니께서는 동생을 업고 술도 드시고 담배도 피우셨다. 시골이라 사교육도 거의 받지 않았고 초등학교 때까지는 밤늦게까지 친구들과 뛰어노는 게 일상이었다.

이런 환경에서 자란 동생은 어렸을 때 공부를 특출나게 잘하지는 않았다. 하지만 친구들과 잘 어울리고 스스로 문제를 해결하는 데 있어서 두려움이 없었다. 그리고 창의적인 모습이 종종 보였다. 이렇게 자란 동생은 대학을 졸업하고 이력서를 내는 족족 모두 합격했다. 그래서 자신이 원하는 곳으로 골라 취업했다. 비결을 물어보니 자신도 모르겠다고 했다. 동생을 낳아 기른 엄마조차 신기하다고 말씀하셨다. 딱히 해준 게 없는데 잘만 크더라며 웃으셨다.

부모는 자녀를 키우면서 어느 정도 자신감이 필요하다. 그 많은 육아서에 나오는 한마디, 한마디 모두 신경 쓰며 위축될 필요가 없다. 가장 유행을 많이 타는 것이 육아서기 때문이다. 내 아이는 내가 가장 잘 안다는 생각으로 자신감을 가지고 아이를 키워야 한다. 옳다는 생각이 상식선에서 어긋나지 않는다면 다른 사람 말에 휘둘리지 않는 것이 필요하다. 부모들이여 자신감을 가져라. 당신은 이미 충분히 좋은 엄마임을 잊지 말기를….

'똑같이' 말고 '다르게' 키우자

아이를 키우면서 내가 지금까지 경험해보지 못했던 상황에 직면하게 된다. 처음에는 '어떻게 하지?' 하고 고민하면서 갈팡질팡하게 된다. 하지만 이내 방법을 찾고 똑같은 일이 일어났을 때 능수능란하게 해결한다.

아이를 낳고 첫 번째 난관이라고 생각했던 것은 아이가 돌 때까지 부모가 잠을 푹 자지 못하는 것이었다. 100일 전 아이는 새벽에 2~3번씩 많으면 4~5번씩도 깬다. 그리고 모유 수유를 하면 아이를 안고 젖을 먹여야 하는데, 그러다 보면 꾸벅꾸벅 졸기 일쑤다. 그나마 아이를 낳고 출산 휴가가 있는 경우에는 낮에 같이 자면 되니 부족한 잠을 채울 수 있다. 그러나 아이를 낳고 바로 직장에 나가는 경우에는 부족한 잠을 채울 길이 없다. 밤에도 잠을 제대로 못

자고 낮에도 잠을 잘 수 없어 매일 피곤이 가시지 않은 채로 일상을 보내게 된다. 그때 부모는 배운다. 잠을 자지 않아도 견딜 수 있다는 것을 말이다.

부모도 아이를 키우는 것이 처음이다. 그래서 서툴다. 하지만 아이가 태어남으로써 아이를 보호해야 한다는 본능으로 어떻게든 그 상황을 해결해나간다. 그리고 부모로서 성장해나간다. 부모든 아이든 시련과 고통을 겪는 과정에서 성장할 수 있다. 이때 아이가 시련과 고통을 겪는 과정에서 부모가 어떻게 하느냐에 따라 아이가 키울 수 있는 역량이 달라진다. 남들과 '똑같이' 말고 '다르게' 키운 아이들을 만나보자.

내가 6학년 담임을 맡았을 때 일이다. 우리 반에는 유독 눈에 띄는 민영이라는 여자아이가 있었다. 항상 맨발로 실내화를 신고 다녔다. 그리고 호탕한 웃음소리가 매력적인 아이였다. 어느 날, 사회 시간에 프로젝트 수업으로 '기업 만들기' 활동을 했다. 먼저 자신이 만들고 싶은 기업의 홍보 영상을 만들어서 홈페이지에 게시했다. 나는 아이들에게 투자금을 100만 원씩 주었다. 그리고 게시한 홍보 영상을 보고 마음에 드는 기업에 투자하라고 했다.

다음 날, 투자가 모두 끝난 것을 확인한 다음, 아이들과 홍보 영상을 같이 보았다. 그중 눈에 띄는 홍보 영상이 있었는데, 그 밑에 쌓인 투자금이 어마어마했다. 그리고 홍보 영상은 가히 파격적이었다. 마치 티브이 속 광고를 보는 듯했으며, 보는 내내 나도 '저 기업에 투자해야지' 하는 생각이 들었다.

26개의 기업 중 투자금을 많이 받은 순으로 5개의 기업을 선정했다. 그리고 선정된 기업의 대표들은 사원을 뽑기 위해 공고를 냈다. 기업의 대표 외에는 모두 사원으로 지원서를 낼 수 있는 자격이 주어졌다. 사원들은 기업의 공고를 보고 마음에 드는 기업에 지원서를 냈다. 그리고 기업 대표들은 사원을 뽑기 위해 면접 질문을 스스로 정하고, 질문하는 연습을 했다.

드디어, 면접이 시작되었다. 민영이가 만든 기업에서 면접을 받고 나온 아이들은 "진짜 회사에 면접을 보러 갔다 온 것 같다"며 민영이의 카리스마에 혀를 내둘렀다. 내가 다가가서 보니 민영이의 눈빛은 어느 때보다 빛나고 있었다.

민영이가 만든 기업은 타깃도 확실하고 상품의 아이디어도 좋았으며, 투자금이 많아 사원들의 복지 부분도 우수했다. 그래서 다른 회사보다 민영이의 회사에 많은 지원자가 몰렸다. 그 기업에 지원했지만 아쉽게도 탈락하는 아이들이 많았다. 합격자 발표를 할 때 아이들이 두 손 모아 '꼭 합격하게 해주세요'라고 간절하게 비는 모습이 실제 취준생들의 모습과 너무나 흡사했다.

수업이 끝나고 민영이에게 기업 대표로서 사원을 뽑는 기준이 무엇이냐고 물었다. "첫째, 책임감이 강하고 성실한가? 둘째, 재미있는가? 셋째, 창의적인가?"라고 대답했다. 이유를 물으니, 책임감이 강하고 성실해야 회사의 성장을 자기의 성장처럼 여길 것이고, 재미가 있어야 사람들과 잘 지내고 회사 분위기가 좋을 것이라고 했다. 게다가 창의성은 새로운 물건을 만들 수 있는 원동력이 되기 때문이라고 했다. 나는 그 대답에 극찬할 수밖에 없었다.

민영이 어머니 말씀으로는 민영이가 어렸을 때부터 집에 있는 물건을 죄다 꺼내서 스스로 여러 가지 새로운 물건으로 만들기도 하고, 실험을 해보기도 했다고 한다. 그래서 집안 살림이 남아나는 것이 없었다고 하셨다. 어머니도 위험한 것이 아니니까 그냥 하도록 놓아두었다고 하셨다. 민영이는 스스로 해결하지 못하는 문제가 없었다. 심지어 내가 해결하지 못하는 것도 와서 도와주고, 해결해 주곤 했다. 선생님인 나도 민영이가 의지가 되었다. 나도 모르게 무언가가 잘 안 될 때 민영이를 찾고 있었다.

일기를 써내는 날에는 이런 일도 있었다. 일기 검사를 하면서 민영이의 일기를 읽게 되었는데, 민영이의 일기를 읽고, 또 읽었다. 민영이의 글에는 사물의 현상이나 보이지 않는 것에 대한 본질을 꿰뚫는 글이 많았다. 하루는 외로움에 대한 글을 썼는데, 나도 모르게 펑펑 울고 말았다. 그 외로움에 대한 글이 나의 마음과 맞닿아서 진한 감동을 느꼈다.

나는 민영이에게 물어보았다. 어떻게 이런 멋진 글을 쓸 수 있냐고 말이다. 자신은 매일 아침에 일어나면 한 가지 사물을 보고 계속 생각을 한다고 했다. 꼬리에 꼬리를 물며 생각하다 보면 어느새 자

나는 '이 아이가 3학년이 맞나?' 하는 생각이 들었다. 새로운 관점으로 사물을 본다는 것은 쉬운 일이 아니다. 그런 진이가 어떻게 창의적이며, 호기심과 상상력이 풍부한 아이로 컸는지 궁금했다. 진이는 자신의 아이디어로 발명대회에 나가게 되었다. 초, 중, 고등학생이 함께 참가하는 대회에서 당당히 금상을 받았다. 발명대회에서 초등학교 3학년이 금상을 받는다는 것은 정말 대단한 일이었다.

대회 날, 진이 아버님을 뵙게 되었다. 진이 집은 동식물 나라라고 하셨다. 어려서부터 안 길러본 동물이 없으며, 지금도 집에서 다양한 동식물을 기르고 관찰한다고 하셨다. 아파트에서 그것이 가능하냐고 여쭈어보니 하고자 하면 방법은 얼마든지 있다고 말씀하셨다. "되는 사람은 되는 방법만 생각하고, 안 되는 사람은 핑계만 생각한다"라는 말이 문득 떠올랐다. 되는 방법만 생각하는 부모님 밑에서 자라온 진이는 되는 방법만 생각하는 아이였다.

어느덧 18년째 교직 생활을 하고 있다. 내가 겪어보니 아이마다 기질과 성향이 다 다르다. 모든 아이는 태어날 때 자신의 색깔을 가지고 태어난다. 하지만 자신만의 고유한 색깔을 가진 아이들이 좋은 대학 진학이라는 똑같은 목표 아래 학원만 매일 쳇바퀴 돌듯이 다닌다. 그래서 대부분 아이는 주어진 것을 하는 데만 익숙해져 있다. 안주하는 삶에 만족하며 스스로 새로운 것에 도전하려는 시도조차 하지 않는다. 자신이 좋아하는 것이 무엇인지 알 기회조차 주어지지 않기 때문이다.

아이들에게는 자신이 좋아하는 것을 찾기 위해서 다양한 경험과 하나에 몰입해보는 시간이 필요하다. 매일 책상 앞에 앉아서 교과서만 외우고 답만 찾는 교육에서는 다름을 찾기가 어렵다. 남과 다르게 경험해봐야 남과 '똑같이' 말고 '다르게' 클 수 있지 않을까?

일관성 없는 엄마, 아이의 인생을 망친다

첫째는 어렸을 때 아토피가 심했다. 다섯 살쯤 되니 아토피는 거의 나았지만 비염이 생기기 시작했다. 그리고 환절기만 되면 비염이 더 심해졌다. 그래서 콧물이 자주 나오고 가래가 자주 생겨서 숨쉬는 것을 힘들어했다. 그런 아이의 모습이 안타까웠는지 시어머니는 첫째를 병원에 자주 데리고 가셨다. 아이가 숨 쉬는 것을 힘들어하니 그 힘든 것을 조금 덜어주고 싶으셨던 것 같다.

어느 약국에 가든 항상 똑같은 아이들의 모습이 있다. 약국에 들어서자마자 장난감을 골라 손에 쥐고 있는 아이, 어떤 장난감을 살까 고민하면서 약국을 둘러보는 아이, 장난감을 사달라고 엄마와 실랑이하는 아이 등이 있다.

첫째를 데리고 병원에 갔다가 약국에 간 적이 있다. 첫째가 장난감이 달린 비타민을 사달라고 했다. 그때 잠시 '장난감이 달린 비타민을 기분 좋게 사줘야 하나? 한 번 사주면 병원에 올 때마다 계속 사달라고 할 테니 사주지 말아야 하나?' 고민이 되었다. 결국 첫째에게 지금 당장 필요한 물건이 아니니 안 된다고 했다. 첫째는 엄마가 안 된다고 하니 어리둥절한 모습이었다. 나는 그때까지만 해도 첫째가 시어머니와 병원에 다니면서 장난감이 달린 비타민을 많이 샀다는 것을 몰랐다. 나는 첫째의 눈을 쳐다보며 안 되는 이유를 가르쳐주었다. 그런데 첫째는 아무리 이야기해도 장난감이 달린 비타민을 사면 안 되는 이유를 이해하지 못하는 것 같았다.

상황을 파악한 첫째는 급기야 울기 시작했다. 나는 너무 당황스러웠다. '아이에 맞춰 상황을 이야기하고 이유도 말했는데 왜 울지?'라는 생각이 들었다. 그래서 약을 받고 우는 아이를 덥석 안고 급하게 약국에서 나왔다. 약국에 계속 있으면 사람들 시선 때문에 제대로 가르칠 수 없을 것 같다는 생각이 들었다. 차 안에서 아이가 울음을 그칠 때까지 기다렸다.

어느 순간 아이의 울음이 잦아들고 이야기를 나눌 수 있는 상황이 되었다. 나는 아이에게 이유를 물었다. 그러니 아이는 "지금까지 할머니는 다 사주셨는데 엄마는 왜 안 사주냐"고 말했다. 그때야 나는 상황을 알게 되었다. 시어머니와 나의 양육 태도는 일관되지 않았던 것이다. 그 상황에서 아이는 얼마나 혼란스러웠을지 미안한 생각이 들었다.

얼마 후 시댁에 갔을 때, 시어머니께서는 찬장에서 커다란 봉지를 꺼내며 나에게 보여주셨다.

"내가 병원 갈 때마다 아이 쥔다고 약국에서 장난감이 달린 비타민을 이리 많이 샀다."

나는 깜짝 놀랐다. 봉지 안에는 장난감에 달려 있던 비타민들이 백 개는 넘어 보였다. 시어머니는 "이거 어떻게 하면 좋을까?" 하고 물어보셨다. 먹지도 않고 쌓여만 있는 비타민을 처리하는 것도 골치가 아픈 일이었다. 결국, 유통 기한이 지나 모두 쓰레기통에 버릴 수밖에 없었다.

양육에 있어서 가장 중요한 것 중 하나가 일관성이다. 육아서마다 주장하는 내용이 다르듯이 그 내용 또한 하나의 의견이고 생각일 뿐이다. 중요한 것은 부모의 생각이다. 부모가 교육관을 가지고 아이의 기질과 특성을 파악하는 것이 가장 중요하다. 그래야 어떤 상황이든 판단을 해야 할 때 일관성 있게 판단할 수 있다.

내가 첫 발령을 받았을 때, 선배 선생님들께서 이렇게 말씀하셨다.

"학급에서 첫날을 어떻게 보내느냐에 따라 1년이 달라진다."

처음에는 이 말이 무슨 뜻인지 몰랐다. 그렇게 첫 학급으로 4학년 담임을 맡았다. 아이들을 만난다고 생각하니 너무나 설렜다. 텔레비전에서 본 〈천사들의 합창〉의 히메나 선생님이 나의 본보기였다. 내가 사랑과 정성으로 아이들을 대하면 아이들도 나를 잘 따르고 행복한 학급이 될 거라고 생각했다.

첫날, 나는 아이들 앞에서 기쁨을 한없이 표현했다. 교사로서 교육관도 없고, 아이들을 파악하는 것도 서툴렀던 나는 둘째 날부터 시련의 연속이었다. 특히, 남학생들의 행동을 이해할 수 없었다. 책상 위에 올라가서 소리를 지르고, 심지어 자신의 마음대로 안 되면 의자를 들고 던지려고 했다. 그런 남학생의 모습을 보고 다른 몇몇 남학생들도 따라 하기 시작했다. 급기야 교실은 엉망진창이 되었고, 그곳은 내가 있을 곳이 아니었다. 일주일 내내 수업 후 화장실에 가서 혼자 울었다. '도대체 뭐가 문제일까?', '내가 뭘 잘못하고 있는 걸까?' 하는 생각이 들었다. 그 남학생들로 인해 다른 아이들도 수업을 제대로 받지 못하고 불만이 쌓이게 되었다.

나는 선배 선생님을 찾아갔다. 상황을 말씀드리고 조언을 구했다. 선배 선생님께서 이렇게 말씀하셨다.

"아이를 존중하고 사랑하는 것은 아주 좋다. 하지만 알아야 하는 것이 하나 더 있다. 선생님의 단호하고 일관성 있는 태도다. 지금 당장 아이들과 친구처럼 지내고 싶은 생각은 버려라. 가장 위험한 생각이다. 우리는 아이와 친구가 아니라 선생님임을 잊지 말아야 한다."

그러시면서 책 몇 권을 추천해주셨다. 그리고 덧붙이셨다.

"이 책대로 똑같이 할 수는 없다. 이 책들을 읽고 다양한 정보를 얻어라. 그리고 그것을 교실에서 실천해보면서 자신만의 학급 운영 가이드를 만들어야 한다. 이 책들은 단지 정보를 얻기 위한 수단일 뿐이지, 선생님의 것은 아니다."

그때 선배 선생님 덕분에 수십 권의 책을 읽고 나만의 교육관을 세웠다. 그리고 그 교육관을 바탕으로 아이들을 지도하고 부모님과 상담을 한다. 나의 교육관의 중심은 학생의 성장이다. 학생의 성장을 중심으로 학급을 경영한다. 그때 깨달았다. 모든 것을 성공적으로 이루기 위해서는 명확한 목표와 바른 방향이 있어야 한다. 그리고 그것은 남이 만들어주는 것이 아니라 내가 만들어야 한다. 남을 따라 하다가는 가르치는 아이들의 인생도 망칠 수 있다.

친한 지인은 아이의 교육에 관심이 많아 다양한 육아 강의를 찾아서 다니는 분이셨다. 아이를 키울 당시, 육아 강의라면 멀리 가더라도 꼭 듣고 왔다고 하셨다. 그 지인이 훈육에 대한 강의를 듣고 온 날, 아이와 마트에 가게 되었다고 한다. 아이가 마트에 가면 항상 장난감을 사달라고 했다고 한다. 그래서 오늘 강의에서 배운 대로 훈육을 하기로 마음을 먹고 마트에 갔다고 했다. 아이는 장난감 판매대로 엄마를 끌고 가더니 자신이 원하는 장난감을 사달라고 했다. 지인은 배운 대로 "안 돼"라고 말하고 기다렸단다. 급기야 아이는 전에 보지 못한 엄마의 행동에 당황했고, 자지러지게 울었다고 한다. 그래서 사람들이 보지 않는 공간에서 훈육해야 한다고 들었던 것이 생각이 나서 아이를 화장실로 데리고 가려는 순간, 아이가 엄마를 손과 발로 마구 때렸다고 한다. 화가 난 지인은 아이를 끌고 화장실로 갔다고 한다. 그리고 화장실에서 화가 난 상태로 아이에게 "너는 도대체 왜 그러니? 엄마가 장난감은 안 된다고 했지. 너, 울음 안 그치면 여기서 못 나가"라는 말을 했다고 한다.

아이는 더 크게 울었고 급기야 숨을 헉헉거리며 쓰러졌다고 한다. 그제야 정신을 차린 지인은 쓰러진 아이가 눈에 보였다고 한다. 119를 부르고 나서, 아이의 몸을 주무르고 차가운 물로 얼굴과 목을 어루만져주다 보니 어느 순간, 눈을 뜨고 아이가 자신을 바라보았다고 한다. 지인은 남의 말대로 했다가 내 자식을 잡을 뻔했다는 생각에 안도의 한숨을 쉬었다고 한다. 몇 년이 지난 후, 지인은 아이와 기분 좋게 밥을 먹는데, 갑자기 아이가 "엄마, 나는 마트 화장실 가는 게 무서워. 거기 가면 내가 죽을 것 같아"라고 말했다고 한다. 그날 지인은 가슴을 부여잡고 속으로 울면서 얼마나 후회했는지 모른다고 했다.

지금까지 아이들을 가르치며 수백 명의 아이를 가까이에서 본 것 같다. 비슷한 기질과 성향의 아이는 있었지만 똑같은 아이는 단 한 명도 없었다. 육아서에 제시되어 있는 방법들이 우리 아이에게 맞지 않을 수 있다는 생각을 해야 하는 이유다. 그런 생각 없이 맹목적으로 하나의 육아서를 보고 따라 할 경우, 아이는 내 생각과 달리 걷잡을 수 없이 다른 방향으로 나아갈 수 있다. 만약 육아서를 본다면, 30권 정도는 보라고 권하고 싶다. 그래야 다양한 의견을 토대로 우리 아이의 기질과 성향에 맞춘 우리 아이만의 육아서를 만들 수 있다. 우리 아이만의 육아서가 일관성을 만들어줄 것이고, 그래야 아이의 인생을 망치는 일 없이 아이가 잘 자랄 것이다.

엄마가 바로 서야 아이가 바로 선다

첫째가 태어났다. 첫째를 낳을 때 진통은 길게 하지 않았다. 하지만 힘을 많이 줘서 중간에 의식을 잃었다. 하늘이 뱅글뱅글 돌고 별이 보인다는 것을 그때 몸소 체험했다. 아이를 분만할 때 아이의 머리가 골반 중간에 끼었다. 아이가 태어난 후, 간호사가 아이의 머리 모양이 둥글지 않다고 말했다. 태어난 아이를 보는 순간 머리 모양이 뾰족해 영화 캐릭터인 ET 같다는 생각이 들었다. 드라마에서는 부모가 아이를 처음 만나는 순간 감격스럽고 이루 말할 수 없이 행복해하는 표정을 짓고 있지만, 나는 아이와 처음 마주한 그 순간 '그건 전부 연출된 상황이구나! 현실은 드라마와 다르구나!'라고 생각하며 허탈한 웃음을 지었다.

아이를 낳고 조리원으로 온 나는 엉덩이가 아파서 바닥에 앉을 수가 없었다. 게다가 아이를 낳을 때 힘을 많이 줘서 눈 혈관이 다 터져 충혈되었고, 온몸은 퉁퉁 부어 있었다. 나는 임신을 하면서 20kg이 쪘다. 아이를 낳고 왔는데도 13kg은 그대로 내 몸에 붙어 있었다. 그 순간, 나는 옆에 있던 남편을 보니 화가 났다. 나는 이렇게 망가졌는데 남편은 변한 게 없다는 게 억울했다.

첫째를 낳아 기르면서 가장 힘들었던 것은 밥을 먹이는 것이었다. 끼니마다 다른 재료로 이유식을 해줘도 잘 먹지 않았다. 그래서 아이에게 밥을 먹이는 시간이 무척 견디기가 힘들었다. 아이를 데리고 시댁에 갈 때면 시어머니께서 "애가 못 먹어서 살이 하나도 없다"고 걱정하시며 말했다. 그런 말을 들을 때마다 나는 아이의 밥에 더 신경 쓰게 되었다. 그렇게 내가 첫째의 밥에 집착하는 동안 첫째는 밥 먹는 시간을 싫어하는 아이로 자랐다.

아이의 초등학교 1학년 때 담임 선생님께서 전화가 왔다. 연세가 많으신 선생님이셨는데 교직 생활 동안 이렇게 밥을 안 먹는 아이는 처음이라고 하셨다. 초등학교 1학년은 아이들이 밥을 다 먹을 때까지 선생님이 급식소에서 같이 기다린다. 그래서 밥을 너무 늦게 먹는 아이가 있으면 기다리는 시간이 고역처럼 느껴질 때가 있다. 아마 우리 아이가 매번 너무 늦게 먹어서 선생님께서 많이 힘이 드셨을 거라는 생각이 들었다.

사실 나는 아이가 밥을 잘 먹지 않는다는 생각에 아침을 항상 많이 먹여서 보냈다. 원래 먹는 양도 적은 아이인데, 엄마 때문에 아침까지 많이 먹고 갔다. 그러곤 11시에 점심을 먹는 첫째는 배가 고플 리가 없었다. 그래서 그 후부터는 아침을 조금만 먹여 보냈다. 나는 첫째에게 "골고루 먹어라", "편식이 심하다" 이런 말을 하면서 억지로 먹이지 않았다. 그냥 내가 맛있게 먹는 모습만 보여줬다. 이랬던 아들이 지금은 뭐든 잘 먹는다. 편식은 약간 있지만, 반찬 투정은 없다.

둘째가 태어났다. 둘째는 태어날 때 4kg이었다. 둘째는 매번 똑같은 이유식을 줘도 잘 먹었다. 8개월부터 밥을 먹기 시작하더니, 16개월이 되니 혼자서 밥을 먹었다. 잘 먹는 둘째를 보니 기분이 너무 좋았다. 게다가 나는 워낙 요리하는 것을 좋아해서 다양한 음식을 둘째에게 해주었다. 문제는 너무 잘 먹어서 탈이었다. 둘째는 또래보다 머리가 하나 더 있을 정도로 키가 컸다. 그리고 체중도 많이 나갔다. 여덟 살이 되었을 때는 성조숙증 진단을 받아 체중을 줄이는 데 신경을 많이 써야만 했다. 이랬던 우리 딸은 여전히 잘 먹는다. 편식은 없지만, 반찬 투정이 심하다.

같은 뱃속에서 나오고, 똑같은 사람이 키워도 아이의 기질과 성향은 너무나 다르다. 그래서 같은 자식이라도 아이마다 양육하는 기준이 달라야 하는 것이다.

첫째가 초등학교 4학년에 올라가기 전 2월에 둘째를 첫째와 같이 수영을 보냈다. 첫날 수영을 다녀와서는 아무 말이 없어서 잘 갔다 왔으려니 했다. 그런데 둘째가 두 번째 다녀와서는 절대 수영을 가지 않겠다고 했다. 그래서 이유를 물어보니, 수영장의 한 아주머니께서 집에서 수영복을 입고 온 우리 딸을 보고 몸을 씻지 않았다고 야단을 친 것이다. 급기야 딸은 울었고, 아주머니들이 도와주긴 하셨지만 이미 수영장은 딸에게 위험한 공간이 된 것이다. 나는 아차 싶었다. 첫날 괜찮은 줄 알고 방심했던 것이다. 그런 일을 겪은 후 딸은 수영장에 절대 가지 않으려고 했다.

초등학교 3학년이 되면 생존 수영을 한다. 아이들을 데리고 수영장에 가면 물에 두려움이 많은 친구는 겁을 먹어 들어가려고 시도조차 하지 않는다. 그런 아이들을 보며 나도 둘째가 걱정되었다. 그래서 둘째에게 같이 실내 수영장에 가보자고 하니 엄마가 가면 가겠다고 했다. 당연히 엄마도 같이 간다고 하니 즐겁게 수영장에 갔다. 나는 수영장에 가서 이곳은 무서운 곳이 아니라 재미있는 곳이라는 것을 알려주겠다는 목표를 가지고 아이와 함께 놀았다. 그날 이후, 둘째는 수영장을 좋아하게 되었다.

둘째는 항상 피아노를 치면서 여가를 보냈다. 나는 둘째가 피아노 치는 것을 좋아하고, 즐기는 모습이 보기 좋았다. 둘째가 피아노를 2년 정도 배우고 나니 피아노 선생님께서 대회에 나가자고 하셨다. 대회 참가로 인해 피아노가 재미없는 것, 하기 싫은 것이 될까 봐 조금 걱정이 되었다. 선생님과 여러 차례 이야기를 나누었는데 둘째가 대회에 참가하지 않겠다고 한다면서 아이와 이야기를 한번 해보시라고 부탁했다. 그래서 나는 아이와 다시 한 번 이야기를 나누었고, 방학 기간이니 이때 한 번만 나가보자고 했다. 썩 내키지 않는 것 같았지만 아이는 알겠다고 했다.

막상 연습 시간이 많아졌음에도 불구하고 둘째는 힘들다는 말없이 대회 준비를 했다. 피아노 대회를 마치고 나서 피아노 선생님께 연락이 왔다.

"어머니, 현주가 정말로 대단했어요. 선생님들이 모두 현주를 보고 놀랐어요. 보통 아이들이 자신감이 넘치다가도 대회에 나가면 떨거나 실수하는 경우가 많은데, 현주는 떨지도 않고 매우 차분하게 아름다운 연주를 했어요. 어머니를 닮아 외유내강형인가 봐요."

피아노 선생님은 현주 칭찬을 많이 하셨다. 이런 상황들 속에서 나는 우리 아이가 어떤 성향을 가지고 있는지와 강점과 약점에 대해 알게 되었다. 그리고 약점은 알고는 있되 내려놓고 강점을 어떻게 살려나갈지 항상 생각했다.

나는 우리 아이들이 1, 2학년 때 피아노, 미술, 운동 정도의 사교육만 시켰다. 육아휴직을 하고 있어서 둘째는 1학년 때 나와 같이 공부했다. 나는 그 시간을 공부한다고 생각하기보다 공부라는 것에 흥미를 느끼게 해주는 시간이라고 생각했다. 공부 시간에 아이와 교과서라는 도구를 이용해서 이야깃거리를 만들어서 대화하는 시간을 가졌다.

항상 나의 첫 질문은 "오늘 학교에서 뭐 재미있는 일 있었어?", "급식은 뭐 먹었어?"였다. 이야기를 하다 보면 학교에서 어떻게 생활하는지, 수업 태도는 어떤지, 교우 관계는 어떤지, 어떤 활동을 좋아하는지 알게 된다. 그리고 교과서를 통해 아이와 대화하다 보면 교과목에 대한 아이의 장단점을 자세히 분석할 기회가 주어진다. 이때 아이의 공부 성향을 파악하면 어떤 점을 보완하고, 어떤 점을 강화할지 판단할 수 있게 된다. 빨리 알게 될수록 어렵지 않게 교정해줄 수 있다.

학부모들과 통화를 하다 보면 자신의 아이에 대해 전혀 모르고 계신 분들이 많다. 처음에는 모른 척하는 줄 알았다. '아이가 6학년인데 자신의 아이에 대해 어떻게 하나도 모르지?'라는 생각이 들 때가 있다. 무슨 일이 생겨서 전화하면 부모가 자기 아이는 그런 아이가 아니라고 말씀하시는 경우가 있다. 내가 1년 동안 관찰한 아이와 13년 동안 부모님이 보아온 아이의 모습이 전혀 다른 때도 있다. 참 안타깝다.

부모가 자신의 아이를 잘 알고 있으면 어떤 문제에 직면했을 때 해결 방법을 빨리 찾을 수 있다. 그리고 선생님 또한 아이가 성장할 수 있도록 함께 도와줄 수 있다. 하지만 부모가 자신의 아이를 잘 모르면 선생님 말씀에 화만 낼 뿐이다. 조언으로 들을지 비난으로 들을지는 부모님이 선택하는 것이다. 학년이 올라갈수록 부모가 노력하면 해결할 수는 있지만, 더 많은 시간과 노력이 필요하다. 그래서 부모는 아이의 강점과 약점을 잘 알고 있어야 한다. 그래야 우리 아이에게 어떤 문제가 생겼을 때 그 문제를 해결할 수 있는 길이 보이며 아이도 올바른 방향으로 커나갈 수 있다.

두 아이를 키우면서 깨달은 것이 있다. 아이의 행복을 위해 부모가 꼭 알아야 하는 바로 한 가지는 육아의 중심에 우리 아이가 있어야 한다는 것이다. 내가 우리 아이를 잘 알 때 육아의 중심에 우리 아이가 있다. 어떤 아이에게는 최고의 학습 방법이 될 수 있지만, 우리 아이에게는 최악의 학습 방법이 될 수 있다는 것을 잊어서는 안 된다. 우리 아이를 잘 살펴볼 때, 어떤 것을 잘하고 어떤 것을 어려워하는지가 보이기 시작한다. 욕심을 부리면 다른 집 아이가 보이지만 욕심을 내려놓으면 내 아이가 보인다. 엄마가 중심을 잡고 바로 설 때 아이도 바로 설 수 있다는 것을 잊지 말자!

아이마다 아이만의 성장 속도가 있다

첫아이를 낳고 돌이 지났을 때쯤 갑자기 온몸에서 열이 나기 시작했다. 나는 열이 40도 넘게 올랐고, 결국 의식을 잃고 쓰러졌다. 눈을 떴을 때는 병원이었다. 여러 가지 검사를 받았지만, 딱히 병명이 나오지 않았다. 의사도 잘 모르겠다며 더 큰 병원으로 가보라고 했다. 이러다 죽는 건 아닐까 하는 생각마저 들었다.

큰 병원으로 옮긴 후, 또다시 여러 가지 검사를 받았다. 하지만 여전히 병명은 알 수 없었고, 증상은 호전될 기미가 보이지 않았다. 그렇게 2주가 흘렀다. 몸이 서서히 좋아지기 시작했다. 하루하루 다르게 몸이 좋아지더니 4주가 되었을 때 의사 선생님은 퇴원해도 좋다고 했다. 의사 선생님에게 병명이 뭐냐고 묻자 의사 선생님이 진단서를 보여주셨다. 거기에는 '알 수 없는 바이러스로 인한 폐

손상'이라고 쓰여 있었다. 의사 선생님은 어떤 병인지 정확히 알 수 없다고 할 뿐이었다.

퇴원 후, 집에서 요양하다 우연히 뉴스를 보게 되었다. 뉴스에서는 알 수 없는 바이러스성 폐 감염으로 아기 엄마가 죽었다고 보도하고 있었다. 그때 나도 모르게 소리를 질렀다. '나도 죽을 수 있었겠구나' 싶었기 때문이다.

더는 육아휴직을 하고 싶지 않았다. 일을 하는 것보다 혼자 집에서 말도 못하는 아이와 같이 있는 게 더 힘들었다. 어른과 이야기하고 싶었다. 하지만 두 살 된 아이를 어린이집에 맡기는 게 내키지 않았다. 교사라는 직업의 좋은 점 중 하나가 눈치 보지 않고 육아휴직을 당당히 쓸 수 있다는 것이다. 그런데 육아휴직을 쓰지 않고 아이를 어린이집에 보내면 모성도 없는 엄마로 치부될 것 같았다. 퇴원한 지 며칠이 지났을 때, 시어머니가 연락해 오셨다. 자신이 아이를 키워줄 테니 일하러 나가라는 것이었다.

시댁과 우리 집은 차로 1시간 거리에 있었다. 그래서 어머니께서 아이를 데리고 키워주셨다. 나는 수요일에 아이를 보러 시댁에 가고, 금요일에 아이를 집으로 데리고 왔다. 그렇게 시어머니는 3년 동안 정성과 사랑으로 내 아이를 키워주셨다.

둘째가 태어나면서 또 육아휴직을 하고 아이 둘을 키웠다. 첫째는 7살이 되었는데도 한글을 제대로 읽지 못했다. 7살 아이 엄마들이 가장 많이 하는 질문은 "그 집 아이 한글 뗐어요?"다. 엄마들이 이 질문을 할 때마다 한글을 떼지 못한 우리 첫째를 쳐다보며 나 편해지자고 시어머니한테 아이를 맡겨놓고 교육에 신경도 못 쓴 무능한 엄마라는 생각이 계속 들었다. 심지어 난 교사인데…. 무능한 엄마라는 생각이 나를 괴롭힐 때 핀란드 교육에 관한 책을 읽게 되었다. 핀란드에서는 만 8세 미만의 아이에게 문자를 가르치는 것을 법으로 금지하고 있다. 이는 '조기 교육이 아이의 뇌를 파괴한다'는 연구 결과에 기반한 것이라고 한다. 이 책을 읽으며 스스로를 위로했다.

나는 첫째가 문자에 관심을 보일 때까지 기다렸다. 첫째가 문자에 관심을 보이기 시작할 때, 나는 둘째를 업고 첫째와 같이 그림책을 읽었다. 첫째가 문자에 관심을 보이기 시작하니 일주일 만에 한글을 떼고 술술 읽기 시작했다. 그때, '이게 적기 교육이구나' 하는 생각이 들었다. 아이도 스스로 글을 읽을 수 있다는 성취감을 느끼고, 나도 아이가 발전하는 모습을 보니 뿌듯했다. 이게 일거양득이 아닌가 싶었다.

왜 핀란드에서 만 8세 이전에 문자 교육을 하지 못하게 하는지 진정한 의미를 생각해보았다. 아이가 태어나서 6세까지 집중적으로 키워야 할 능력은 학습 능력이 아닌 감정 능력이다. 준비가 안 된 영역을 무리하게 사용하도록 강요하는 것은 뇌의 발달을 저해할 수 있다. 가장 중요한 것은 학습 스트레스가 지속될 경우 학습에 대한 흥미를 잃을 수 있다는 것이다.

아이마다 성장 속도가 다른데, 그것은 고려하지 않고 학교 가기 전에 한글을 떼야 한다는 기준에 맞추니 아이와 부모 모두에게 득이 되지 못했던 것이다. 힘들기만 하면 다행이다. 아이는 학습에 대한 첫 경험이 '공부하는 시간 = 괴로운 시간'이라는 것이 가슴에 깊게 새겨질 것이다.

만 8세면 우리 나이로 10세다. 초등학교 3학년이 되면 특수한 경우를 제외하고는 글을 못 읽는 아이가 없다. 아이의 성장 속도에 맞춰 배움을 해나가면 배우는 아이도 즐겁고, 가르치는 사람도 즐겁다. 그럼 아이는 '공부하는 시간 = 즐거운 시간'이라는 것을 가슴에 깊이 새길 것이다. 이것이 앞으로 해나갈 공부의 가장 중요한 첫 경험이라고 생각했던 것 같다.

둘째는 내가 키우면서 매일 30분씩 책을 읽어주었다. 아이는 내가 책을 읽어주는 시간을 가장 좋아했다. 그래서 직장을 다녀오면 피곤했지만 두 아이 사이에 누워서 꼭 30분 책을 읽어주었다. 그렇게 나는 책을 읽어주다 잠들기 일쑤였다.

하루는 세수하다가 허리가 찌릿하면서 움직일 수 없어 주저앉게 되었다. 그날, 부모님이 오셔서 일어서지도 못하는 나를 데리고 병원에 갔다. 허리 디스크 초기 증상이라고 했다. 직장 다니랴, 육아하랴, 집안일 하랴 허리를 펼 시간이 없었다. 그래서 허리에 무리가 많이 갔던 것 같다. 어쩔 수 없이 학교에 병가를 내고 집에 누워 있게 되었다.

둘째는 엄마가 집에 있어서 좋은지 내 옆에 와서 컴퓨터 자판이 그려져 있는 장난감을 가지고 놀았다. 유심히 보니 혼자서 단어를 만들고 읽고 있는 것이 아닌가! 깜짝 놀란 나는 누워서 글자를 읽고 있는 둘째를 칭찬하기 시작했다. 그렇게 5일 동안 나는 누워서 컴퓨터 자판 장난감을 가지고 놀고 있는 둘째에게 칭찬만 해주었다. 내가 허리를 펴고 일상생활을 할 때쯤 둘째는 한글을 뗐다. 그때가 네 살 겨울이었다.

첫째와 둘째만 봐도 성장 속도가 다르다는 것을 알 수 있었다. 아이가 한글을 다 떼고 학교에 가야 한다는 생각은 버려야 한다. 한글을 떼는 시기는 우리 아이에 맞춰 정해지는 것이지 평균적인 기준에 의해 정해지는 것이 아니다. 우리가 정한 기준에 아이를 맞추다 보면 아이의 성장 방향을 잃게 된다. 무엇보다 중요한 것은 내 아이의 성장 속도다.

아이마다 속도가 다르다는 것을 잘 보여주는 과목이 수학이다. 같은 학년이라고 해도 아이마다 받아들이는 속도가 다르다. 특히, 수학을 받아들이는 속도가 느린 아이들이 있다. 이런 아이의 부모님과 이야기를 해보면 수학 때문에 고민이 이만저만이 아니다.

나는 제일 먼저 아이가 수학을 어디까지 이해하고 있는지 진단

한다. 3학년인데 덧셈, 뺄셈이 잘 안 되는 경우, 가르기와 모으기를 이해하지 못하고 있는 경우가 대부분이다. 그럼 나는 2학년 수학부터 다시 가르친다. 부모들은 3학년인데 2학년 수학을 배운다는 것을 부끄러워한다. 부모들은 3학년이라는 기준에 매달려 제 학년은 따라가야 하지 않느냐, 이렇게 느려서 어떡하냐고 말한다. 제일 큰 문제는 부모의 말로 인해 아이가 자신이 수학을 못한다고 생각한다는 것이다. 그렇게 되면 아이는 자신감을 잃어버리고, 수학은 가장 싫어하는 과목이 된다. 너무나 안타깝다. 부모라도 아이의 성장 속도에 맞게 교육을 했더라면 이런 일은 막을 수 있었을 텐데 말이다.

중학교 교실에 가면 수학을 포기한 자, 일명 '수포자'들이 많다. 수포자는 왜 생기는 걸까? 분명히 이 아이들은 제 학년 기준의 수학 수업을 따라가기 힘들었을 것이다. 학년과 관계없이 아이의 성장 속도에 맞게 교육했더라면 과연 아이가 수포자가 되었을까? 결국, 학년 교육과정을 따라가다 누적된 학습 결손이 아이를 짓누르고 만 것이다.

나는 교사지만, 학년 교육과정이라는 것도 각각 아이의 성장 속도에 맞추지 못한다는 생각이 들었다. 아이의 성장 속도에 맞는 교육과정이 필요한 것이지, 학년 교육과정에 아이를 맞춰야 한다는 생각은 아이를 좌절하게 만든다. 이 부분은 대한민국 교육이 해결해야 하는 문제가 아닐까 싶다. 아이마다 아이만의 성장 속도에 맞는 교육이 이루어질 때, 우리 교육의 밝은 미래가 펼쳐질 것이다.

2장

아이는 가장 사랑하는 부모에게 말로 상처받는다

오늘도 화내고 반성하고,
화내고 반성하고

아이와 함께 줄 서서 유치원 버스를 기다리고 있었다. 멀리서 버스가 보일 때쯤, 한겨울임에도 여름 원피스에 장화를 신은 아이가 엄마 손을 붙잡고 헐레벌떡 뛰어오고 있었다. 그 엄마는 유치원 버스를 기다리고 있는 부모들을 보며 멋쩍은 듯이 "아이가 아침부터 이 옷을 꼭 입고 가야겠다고 해서…"라고 말하며 얼굴을 붉혔다. 유치원 버스가 아이들을 태우고 떠나자, 그 엄마는 아이에 대한 불만을 토로하기 시작했다. 아침에 갑자기 아이가 오늘 공주 옷을 입고 가야 한다면서 장롱에서 여름 원피스를 꺼냈다고 한다. 이 옷을 입고 나가면 감기 걸린다고, 지금은 이 옷을 입는 계절이 아니라고 여러 번 말했지만, 막무가내였다고 한다. 유치원 버스가 올 시간은 다 되어가고…. 결국 아이 엄마는 "네 마음대로 해!"라고 소리를 지르며 집을 나가려고 했다. 그 순간, 아이가 이 원피스에는 분홍 장화가 잘 어울린다면서 장화까지 꺼내 신었다고 한다. 엄마는 너무 화가 나서 "너 때문에, 내가 부끄러워서 못 살겠다"라며 아이를 유치원 버스에 태워주러 나왔다고 했다. 그 엄마는 이런 일이 한두 번이 아니라고 했다. 그럴 때마다 자신은 너무 화가 나서 소리를 지른다고 했다. 그렇게 아이를 유치원에 보내고 혼자 있을 때 '이 말은 하지 말아야 했는데…' 하며 후회한다고 했다. 그 엄마의 얼굴에는 걱정이 한가득이었다.

내가 2학년 담임을 맡았을 때, 지현이라는 여자아이가 있었다. 또래보다 학습 능력이 뛰어난 아이였다. 그런데 옆의 아이가 실수로 자신의 물건을 건들라치면 소리소리 지르면서 물건을 던지는 것이었다. 보통 때는 웃는 모습이 해맑고 사랑스러운 아이인데…. 나는 그 모습을 보면서 왜 저런 행동을 할까 궁금했다.

초등학교 2학년은 자형(字形)을 익히기 위해 받아쓰기를 필수적으로 한다. 지현이는 항상 받아쓰기 100점을 받았다. 그러다 하루는 받아쓰기 90점을 받았는데, 그때부터 아이는 책상에 엎드려 한 시간에 이르도록 펑펑 울었다. 아무리 이유를 물어봐도 울기만 하고 말해주지 않았다. 어느 정도 시간이 지나자 지현이는 진정되었다. 왜 그랬냐고 물어보니, 받아쓰기 100점을 못 받으면 엄마가 때린다는 것이었다.

그다음 날, 나는 지현이 어머니와 대면 상담을 했다. 상황을 말씀드리니 그제야 어머니는 화가 나면 아이 앞에서 주체가 안 된다고 토로하는 것이었다. 자신도 모르게 아이한테 화를 내고 있다고 했다. 특히 학습 부분에서 뒤떨어지는 모습을 보이면 더 화가 난다고 했다. 그 이유를 묻자, 아이가 공부를 못해서 자신처럼 살까 봐 걱정된다고 했다. 그리고 자신보다 더 나은 삶을 살았으면 좋겠다고 했다. 어머니는 남편과 이혼한 자신을 실패자라 여기고 계셨다. 그 말을 하는 어머니의 모습은 아주 불안해 보였다.

나는 어머니에게 남편과 이혼한 것은 아이의 문제와 별개고, 남편과 이혼한 것도 불행하게 여기시면서 아이까지 불행하게 만드실 거냐고 말했다. 어머니가 마음을 달리 먹으셔야 아이도 어머니도 모두 행복해질 수 있다고 했다. 하지만 어머니는 그렇게 하지 못할 거라는 말만 계속 반복하셨다. 그래서 나는 어머니의 손을 꼭 잡고 말씀드렸다. 어머니가 아이 앞에서 화를 내거나 아이를 때리시면 아이는 어머니가 원하는 대로 행복하게 살 수 없다고 말이다. 세상에서 가장 사랑하는 엄마가 자신에게 모진 말을 하고 심지어 때리기까지 한다면 어머니는 행복하시겠냐고 물었다. 내 말에 어머니는 이내 눈물을 흘리시며, 자신이 어떻게 해야 하냐고 물으셨다. 나는 공부에 앞서 부모가 가장 먼저 해야 할 것은, 화를 쉽게 분출하지 않도록 스스로 마음을 다스리는 일이라고 말해주었다. 그리고 아이는 자신의 화를 푸는 대상이 아니라 모르면 가르쳐줘야 하는 대상이라고 말해주었다. 그러자 어머니는 노력해보겠다고 하셨다. 나는 어머니께 아이 앞에서 어떻게 말해야 하는지도 적어드렸다. 화가 나면 아이와 다른 공간에 가서 이 종이를 보고 말하기 연습을 하라고 알려드렸다. 어머니는 알겠다며, 노력해보겠다고 의지를 다지며 교실을 나가셨다.

상담 2주일 뒤, 지현이는 몰라보게 달라졌다. 아이들에게 짜증내는 일도 줄고, 물건을 던지는 일은 아예 없어졌다. 부모의 태도가 변하면 아이가 변한다는 것은 알고 있었지만, 이렇게 빨리 변할지는 상상도 하지 못했다. 부모의 양육 태도가 바뀌면 아이도 금세 변한다는 것을 몸소 체험하는 순간이었다. 나는 기쁜 마음에 어머니를 격려해드리고 싶어 수업을 마치고 얼른 전화를 드렸다. 어머니는 학교에서 무슨 일이 있었냐며 놀라는 눈치셨다. 어머니께 자초지종을 설명했다.

"어머니, 오늘 좋은 일이 있었어요. 지현이가 화를 내거나 물건을 던지는 일이 사라졌어요. 지현이의 행동이 달라지니 오늘 친구들이 먼저 지현이한테 같이 놀자고 했어요. 그래서 지현이는 친구들과 학교에서 즐겁게 놀고 집으로 갔어요. 이게 다 어머니 덕분입니다. 어머니께서 스스로 변하기 위해 노력하신 것은 정말 대단한 일이에요. 어머니, 정말 감사합니다."

어머니께서는 다 선생님 덕분이라고, 앞으로도 선생님의 말씀대로 해나가겠다고 행복해하시며 전화를 끊었다.

또래 엄마들 모임에 갔을 때의 일이다. 저녁 모임이라 엄마들은 아이들에게 저녁을 먹인 후 재우고 나오는 경우가 많다. 그때 한 엄마에게서 조금 늦을 것 같다는 문자가 왔다. 그 엄마는 보통 때 아이의 학습에 관심이 아주 많은 엄마였다. 만날 때면 아이의 학습에 관한 이야기를 주로 했다. 그런데 그 엄마는 한 시간이 지났는데도 나타나지 않았다. 연락도 없고, 사람도 오지 않아 나는 걱정이 되었다. 그래서 먼저 전화를 해보았다. 여러 차례의 시도 끝에 그 엄마가 전화를 받았다. 그 엄마는 울먹이며 말했다.

"언니, 저 오늘 못 가겠어요."

"왜 무슨 일인데? 내가 지금 동생 집으로 갈까?"

"아니에요. 오늘은 못 가겠어요. 재미있게 노세요."

다음 날, 나는 걱정되어 그 엄마 집에 찾아갔다. 그 엄마의 눈이 퉁퉁 부어 있었다. 무슨 일이 있었느냐고 물어보았다. 그 엄마는 자신이 저녁마다 매일 아이의 공부를 봐주는데, 어제 아이는 문제도 풀지 않고 이야기만 계속했다고 한다. 모임 시간이 다 되어가 조급한 마음에 엄마는 아이를 채근하기 시작했다고 한다. 아이 앞에 앉아 수학 문제를 풀고 있는 모습을 지켜보고 있자니, 조바심이 올라오기 시작했단다. 그 순간, 아이가 답을 잘못 옮겨 쓴 것을 보았고, 그때부터 아이에게 잔소리를 퍼붓기 시작했다고 한다.

"어떻게 보고 적는 것을 틀리니? 너는 집중이라곤 안 하는 거니? 이렇게 커서 뭐가 되려고 그래?"

그렇게 말하면서 엄마는 아이의 머리를 쥐어박았다고 했다. 급기야 아이는 눈물을 흘렸고, 그 순간 아이에게 화내고 머리까지 쥐어박은 자신이 너무나 한심스럽게 느껴졌다고 했다. 자괴감마저 들었다고 했다. 엄마는 그 자리에서 아이를 부둥켜안고 미안하다며 펑펑 울었다고 했다.

아이를 키우면서 가장 힘든 일 중 하나가 사랑하는 아이에게 화내는 내 모습을 마주하게 되는 것이다. '내가 원래 이렇게 화가 많은 사람이었나?' 지금까지 알지 못했던 낯선 내 모습을 마주할 때면 너무나 당황스럽다. 특히, 아이에게 화를 내고 나면 후회가 물밀 듯이 밀려오고 죄책감이 나를 옥죈다. 그런데 더욱 나를 힘들게 하는 것은, 다음 날 또 아이에게 화내고 반성하는 내 모습을 바라볼 때다. 도대체 뭐가 문제일까? 왜 나는 또 화를 내고 다시 반성하고 있는 걸까? 아무리 생각해도 답을 찾을 수 없다.

5학년 담임을 맡았을 때의 일이다. 지환이라는 아이가 있었다. 지환이는 욕을 입에 달고 살았다. 보통 남자아이들은 게임할 때나 친구들과 놀 때 종종 욕을 하곤 한다. 하지만 교실에 선생님이 있을 때 욕해서는 안 된다는 것쯤은 안다. 하지만 지환이는 달랐다. 모든 말이 욕으로 시작해서 욕으로 끝났다. 친구들은 하루가 멀다고 나에게 와서 지환이가 욕을 한다고 말하곤 했다.

지환이와 이야기하다 보니 아버지가 욕을 많이 하신다는 것을 알게 되었다. 지환이는 아버지와 단둘이 살았다. 아침 일찍 일하러 나가시는 지환이 아버지는 저녁이면 항상 술을 드시고 집에 오신다고 했다. 술을 먹고 오는 날이면 아버지는 지환이를 앞에 앉혀 놓고 욕하거나 심지어 때리기까지 한다고 했다. 그러고는 아침에 일어나서 지환이한테 미안하다며 "아빠가 다시는 술을 먹지 않을게"라고 다짐하신다고 했다. 하지만 저녁이 되면 또다시 술을 먹고 오셔서 지환이에게 욕하고 때리는 것이 반복되는 것 같았다.

지환이는 욕을 하고 때려도 아버지가 좋다고 했다. 지금 자신 옆에 있는 사람이라곤 아버지밖에 없다면서, 아버지가 자신을 때려도 좋으니 곁에만 있었으면 좋겠다고…, 엄마처럼 자신을 버리지 않았으면 좋겠다고 말하며 눈물을 흘렸다.

이 말을 듣는 순간 마음이 먹먹했다. 부모에게 조건 없이 무한한 사랑을 주는 존재가 자식이라는 생각이 들었다. 그럼에도 불구하고 부모는 아이가 세상에서 가장 사랑하는 사람이 자신이라는 걸 잘 깨닫지 못한다. 어떤 식으로든 이유를 붙여 화내거나 심지어 때리기까지 한다. 과연 부모는 자기 아이의 마음을 제대로 알기나 하는 걸까?

길거리나 가게에서 아이에게 화를 내는 엄마들을 종종 본다. 심지어는 화내는 것도 부족해 지갑으로 아이의 머리를 때리는 엄마를 본 적도 있다. 나는 그 엄마의 모습을 거울에 비춰 그녀에게 보여주고 싶다는 생각마저 들었다. 아이를 때리는 자신의 모습을 보고도 아이에게 그렇게 할 수 있을까 의문이었다.

부모는 아이에게 화내고 나서 반성하면 된다고 생각한다. 그러나 그 한 번이 아이의 인생에서 지울 수 없는 상처가 된다는 것을 잊지 말아야 한다. 그리고 그 상처는 사라지지 않는다는 것도 꼭 기억하자. 이번에 화내서 후회되니까 다음 번에는 안 내면 된다고 생각할 대상이 아닌 것이다. 단 한 번이라도 화를 내는 순간, 그동안 아이와 쌓아온 모든 게 와르르 무너질 수도 있다는 것을 잊지 말아야 한다.

파괴력 무한대, 부정적인 말이 육아를 망친다

퇴근 후, 집에서 뉴스를 보는데, 국내 청소년 자살률이 '또' 늘었다고 보도하고 있었다. 청소년 사망 원인 역시 수년째 '극단적 선택에 의한 사망'이 1위를 차지하고 있었다. 사고나 질환에 의해 세상을 떠나는 청소년보다 스스로 생을 마감하는 청소년이 매년 더 많다는 것이다. 나는 극단적인 선택을 하는 청소년이 해마다 늘어나는 것이 너무나 안타까웠다.

우리 반에는 민석이라는 친구가 있었다. 부모님은 안 계시지만 조부모 밑에서 바르게 잘 자란 아이였다. 민석이는 사교육 하나 받지 않았지만, 학업 또한 우수했다. 그러던 어느 날, 비가 많이 오는 날이었다. 등교 시간이 지났는데 민석이가 오지 않았다. 그래서 집에 전화해보니 할아버지께서 학교에 갔다고 말씀하셨다. 나는 그때부터 걱정이 되기 시작했다.

하교 후면 아이들이 사랑방처럼 드나드는 분식집이 있었다. 그 분식집 사장님이 아이들과 이야기도 하며 삼촌처럼 친하게 지낸다는 것을 나는 알고 있었다. 그래서 사장님께 전화를 해보았다. 분식집 사장님은 어제 민석이가 할아버지께 야단을 맞고 와서는 집에 가기 싫다고 말하길래 잘 달래서 보냈다고 했다.

아이들에게 오늘 민석이를 봤냐고 물어보니 교문 앞까지 온 것을 본 아이가 있었다. 나는 아이 몇 명과 밖에 나가 민석이를 찾기 시작했다. 한참을 찾아도 민석이가 보이지 않았다. 그래서 나는 다시 교실로 올라가서 나머지 아이들도 같이 찾아보자고 부탁했다. 그중 한 명이 옥상에 올라가보자고 했다. 학교 옥상에 올라가본 적이 있냐고 물으니 종종 아이들끼리 옥상에 올라갈 때가 있다고 했다. 그 말을 듣고 바로 옥상에 올라가보았다. 거기에는 비를 맞으며 웅크리고 있는 민석이가 있었다. 나는 안도의 한숨을 쉬었다.

나는 민석이를 데리고 와서 몸도 닦아주고 옷도 갈아입혔다. 그리고 따뜻한 차 한 잔을 손에 쥐여주었다. 민석이가 안정된 후 이야기를 나누었다. 옥상에 왜 올라갔냐고 물으니 죽고 싶었다고 했다. 왜 죽고 싶었는지 물어보니, 어제 하교 후 집에서 휴대 전화로 숙제를 하기 위해 검색을 했다고 한다. 그 모습을 본 할아버지가 다짜고짜 휴대 전화를 왜 이렇게 많이 하냐면서 화를 내셨다고 한다. 민석이는 너무 억울해서 휴대 전화를 한 지 얼마 안 되었다며 할아버지는 알지도 못하면서 화를 내시냐고 대들었다고 한다. 그 말을 들은 할아버지께서 화가 나셔서 민석이의 뺨을 때리신 것이다. 민석이는 너무 억울해서 분식집 사장님한테 가서 하소연했다고 했다. 그리고 분식집 사장님께서 집에 다시 들어가라고 해서 들어갔다고 했다. 그런데 다음 날 아침, 할아버지가 또 휴대 전화에 대해 말씀하시며 화를 내고 심지어 자신에게 욕까지 했다고 한다. 그래서 민석이는 너무나 억울하고 화가 나서 죽고 싶은 생각에 옥상에 올라갔지만, 막상 뛰어내리려고 보니 무서웠다고 한다.

나는 할아버지께 전화를 드려 이런저런 이야기를 나누게 되었다. 할아버지께서는 부모 없이 민석이를 잘 키우기 위해 노력했는데, 오늘과 같은 일을 겪으니 아이를 어떻게 길러야 할지 모르겠다고 하셨다. 나는 지금까지 민석이는 누구보다 똑똑하고 바르게 자란 아이였다고, 너무나 잘 키우고 계시다고 말씀드렸다. 다만, 조부모님께서 사랑을 많이 주시고 정성을 쏟으시지만 부모가 주지 못한 사랑이 다 채워지기에는 어려운 점이 있는 것 같다고 말씀드렸다. 그래서 마음이 불안한 면이 있으니 어떤 일이 생겼을 때 민석이에게 "무슨 일이냐?"고 꼭 물어봐주신다면 이런 일은 더 일어나지 않을 거라고 말씀드렸다. 그리고 아이 앞에서 절대 폭언과 폭력은 해서는 안 된다고 신신당부를 드렸다. 그렇게 하시면 오늘과 같은 일이 또 발생할 수 있다고 말씀드렸다. 그때 나는 정서적으로 불안한 민석이가 할아버지의 폭언과 폭력으로 자극되면서 극단적인 생각까지 하게 되었다는 것을 알았다.

학교에서 극단적인 선택을 하는 아이들을 볼 때가 있다. 자살을 시도하는 경우, 가출하는 경우, 자해하는 경우 등이다. 이런 아이들의 공통점은 가정의 불화가 심한 경우가 많다는 것이다. 매일 부모가 싸우는 모습을 아이가 오롯이 혼자 감당해야 하는 경우가 많다. 부부도 살다 보면 싸울 수 있다. 하지만 물건을 집어던지고, 심지어 칼까지 들고 위협하는 모습을 보고 자란 아이는 정서적으로 불안할 수밖에 없다. 보통 때는 그 불안이 표현되지 않다가 부정적인 자극이 주어지면 친구들에게 폭력으로 발현되거나 극단적인 선택을 하는 경우가 있다.

요즘 학교에서 지켜보면 정서적으로 불안한 학생들이 예전보다 많이 늘었다. 친구가 모르고 부딪쳤는데도 손이 먼저 올라가는 경우, 화가 난다고 의자를 집어던지는 경우, 심지어 선생님께 욕을 하는 경우도 종종 있다. 이유가 뭘까?

가정불화로 인해 폭력을 쓰는 상황에 많이 노출되는 경우 불안한 상황이 생기면 무의식 중에 폭력이 나온다. 그리고 부모가 아이를 직접적으로 학대하는 경우 학대를 받은 아이들은 폭력성과 충동성을 감당하기 힘든 아이로 자란다. 자신조차 제어가 안 된다. 또 부모가 아이를 방임해서 사랑이 많이 부족한 경우에도 매사에 사랑을 갈구하며 아이는 자기 마음대로 되지 않을 경우, 폭언으로 자신의 감정을 해소한다. 나는 부모들에게 꼭 말하고 싶다. 제발 아이 앞에서 부부끼리 싸우지 말고, 아이를 때리지 말자.

6학년 담임을 맡았을 때, 민주라는 여자아이가 있었다. 민주는 내 앞에서는 수줍어하면서 내가 없을 때 친구들 앞에서는 욕을 하며 마음대로 되지 않을 때 소리를 질렀다. 그래서 친구들이 민주와 노는 것이 힘들다고 했다. 1학기 때 나는 민주와 상담을 많이 했다. 민주는 어머니와 함께 살았는데 세 살짜리 동생이 있었다. 어머니가 바쁘셔서 주로 할머니께서 양육을 해주셨다. 어머니는 집에 오면 세 살짜리 동생만 이뻐하고 자신은 쳐다보지도 않는다고 했다. 그런 민주의 말이 자신도 엄마의 사랑을 받고 싶다는 말처럼 들렸다.

그날 민주 어머니와 통화를 했다. 어머니께 민주의 마음을 전해드리니 맨날 거짓말하고 자기 할 일도 안 하는데 어떻게 예뻐하냐고 도리어 나에게 화를 내셨다. 남편 없이 혼자 돈을 버는 것도 힘든 데다가 동생까지 어려서 민주까지 돌볼 겨를이 없다고 하셨다. 6학년이면 이제 다 컸는데 아직도 세 살 동생을 질투하냐면서 어이가 없다고 말씀하셨다. 나는 어머니 눈에는 다 큰 것처럼 보이지만 동생을 안고 있는 어머니 등 뒤에서 민주는 어머니를 바라보고 있고, 아직도 민주는 사랑이 많이 필요하다고 말씀드렸다. 많이 안아주고, 작은 것이라도 찾아서 칭찬을 꼭 해달라고 부탁드렸다. 어머니께서는 한동안 말씀이 없으셨다.

1학기 때 친구들 사이에서 외로움을 많이 느끼며 나와 상담을 많이 하던 민주는 2학기가 되어서는 친구들과 잘 지내고 예전처럼 친구들에게 욕설하거나 소리를 지르지 않았다. 그리고 엄마가 자신을 위해 선물을 해줬다며 나에게 자랑하는 모습이 마치 어린아이가 기뻐하는 모습처럼 보여서 마음이 짠했다.

그렇게 6학년 졸업식 날, 민주는 나와 헤어진다고 얼마나 울었는지 모른다. "민주야, 중학교 가서도 힘들면 선생님 찾아와" 하며 우는 민주를 꼭 안아주었다. 그날 집에 와서 보니 민주에게 장문의 문자가 와 있었다. 선생님을 절대 잊지 않겠다고, 자신이 대학교에 가면 다시 찾아오겠다며 전화번호를 바꾸지 말라고 했다. 나는 그 문자를 지금도 고이 간직하고 있다.

5학년 아이들과 이야기를 하다가 부모가 동생과 차별하는 이야기가 나왔다. 동생이 있는 아이들은 동생이 사라졌으면 좋겠다고 했다. 그중 한 여자아이는 동생을 아파트 베란다에서 밀어버리고 싶다고 말했다. 그래서 나는 왜 그런 생각이 드냐고 물으니 엄마가 없을 때 동생이 잘못해서 하지 말라고 말했는데 동생은 엄마가 오면 쪼르르 달려가 누나가 자기를 때렸다면서 우는 시늉을 한다고 했다. 그때 엄마는 내 이야기는 듣지도 않고 누나가 동생한테 그러면 어쩌냐고, 동생이 뭘 보고 배우겠냐고 하면서 자신을 혼낸다고 했다. 엄마 뒤에서 혀를 내밀고 있는 동생을 보자니 화가 치밀어 오른다고 했다. 자신은 동생이 제발 사라졌으면 좋겠다고 두 손 모아 빈다고 했다. 아이들과 이야기를 하며 아이를 탓하는 부모의 부정적인 말이 육아를 망친다는 것을 깨달았다.

사람은 말로 다시 한 번 더 태어난다. 부모가 아이에게 어떤 말을 해주느냐에 따라 아이는 세상을 보는 눈이 달라진다. 물이 담긴 컵을 보고 "물이 반밖에 없네"라고 말하는 아이와 똑같은 컵을 보고 "물이 반이나 있네"라고 말하는 아이는 세상을 바라보는 관점이 다르듯이 말이다. 내가 긍정적인 말을 많이 쓸수록 아이는 긍정적인 말과 행동을 하게 되고, 내가 부정적인 말을 많이 쓸수록 아이는 부정적인 말과 행동을 많이 하게 된다. 아이를 잘 키우고 싶다면 부모의 말투부터 고쳐야 한다. 부모가 긍정적인 말을 많이 쓸수록 아이는 행복해진다.

오늘부터 아이에게 말하자.

"태어나줘서 고마워. 그리고 사랑해."

참아주는 것이 아니라 기다려주는 것

첫째는 학교를 마치면 항상 놀이터에서 친구들과 놀았다. 나는 둘째를 유모차에 태워 놀이터에 가서 같이 놀곤 했다. 둘째도 놀이터에서 놀고 있는 오빠를 보면 신나서 쫓아다녔다. 둘째가 한참 놀다가 배가 고픈지 간식이 없냐고 물었다. 나는 가방에서 샌드위치를 꺼내 둘째에게 주었다. 그리고 놀이터에 있던 아이들도 샌드위치를 같이 나누어 먹었다. 옆에서 지켜보던 엄마가 놀이터에 올 때 이렇게 간식을 싸서 다니냐면서 유난스럽다는 눈빛으로 나를 바라보았다. 조금 민망했다.

둘째는 어려서부터 유독 배가 고프면 짜증을 내면서 울었다. 나는 둘째가 짜증을 내면서 우는 것이 견디기 힘들었다. 그래서 둘째와 다닐 때면 항상 도시락을 싸서 다녔다. 나는 집에 돌아와서 생각했다. 아이가 배가 고파도 참게 하는 것이 맞는지, 배가 고프지 않도록 하는 것이 맞는지 헷갈렸다.

둘째는 잘 먹고, 잘 자고, 잘 놀았다. 그래서 잔병치레가 없었다. 태어나서 예방주사를 맞는 경우를 제외하곤 병원에 가본 적이 없다. 그래서인지 둘째에게 병원은 주사 맞는 곳이라는 인식이 강했다. 아이가 네 살 때, 영유아 검진을 하기 위해 병원에 갔다. 둘째는 병원 입구부터 들어가지 않겠다고 떼를 쓰고 드러누웠다. 나이에 비해 키도 크고 몸무게도 많이 나가는 둘째의 힘을 감당하기에 나는 역부족이었다. 결국 집으로 돌아왔다. 그러나 아이의 발달 시기에 맞춰 영유아 검진은 꼭 해야만 하기에 다음 날 친정 아빠와 같이 병원에 갔다. 그때도 둘째가 병원에 들어가지 않겠다고 하는 것은 마찬가지였지만 아빠의 도움으로 간신히 영유아 검진을 마치고 집으로 돌아왔다. 아이가 병원 가는 것을 거부하듯이 나도 둘째와 병원에 가는 것이 두려웠다.

그 후, 여섯 살 때 독감 예방주사를 맞으러 갔다. 나는 둘째에게 긍정적인 인식을 심어주기 위해 병원에 가기 전에 병원에 관련된 책을 읽어주었다. 책을 읽어주면서 병원이 어떤 곳이며, 예방주사를 왜 맞아야 하는지도 이야기해주었다. 그리고 병원은 아픈 사람의 병을 낫게 해주는 안전한 곳이라고 알려주었다. 책을 같이 읽을 때만 해도 둘째는 예방주사를 맞으러 가겠다고 했다. 병원에 대한 두려움은 없어 보였다. 이제는 병원에 가서 주사를 맞을 때 울지 않겠지 기대하면서 병원에 데리고 갔다.

하지만 나의 기대는 물거품이 되었다. 처음에 병원 입구까지는 잘 들어갔지만 간호사분이 “주사 맞으러 주사실로 들어오세요”라고 말하자 안 들어가겠다고 소리를 고래고래 질렀다. 내가 할 수 있는 것은 “예방주사는 너를 위해 꼭 맞아야 해. 네가 울음을 그칠 때까지 엄마가 기다릴게”라는 말만 되풀이할 수밖에 없었다. 둘째는 병원에서 1시간 내내 울었다. 간호사분도 좋으셔서 울고 있는 둘째가 스스로 주사를 맞겠다는 생각이 들 때까지 기다려주셨다. 하지만 결국, 예방주사를 맞지 못하고 나오게 되었다.

그때 나는 너무 화가 났다. 항상 병원에 올 때마다 이러는 둘째가 원망스러웠다. 마치 나의 인내가 어디까지인지 시험한다는 생각까지 들었다. 나는 아이에게 화를 내지 않기 위해 계속 마음을 다스렸다. ‘여기서 화내면 잃는 것이 더 많다. 참자. 참자’라고 생각하며 병원 계단을 내려오는데, 아이가 갑자기 울음을 뚝 그치는 게 아닌가. 너무 기가 찼다. ‘뭐지? 나를 놀리는 건가’ 하는 생각이 들었다. 그리고 아이의 눈을 쳐다보고 말했다.

“예방주사는 꼭 맞아야 하는 거야.”

그제야 아이는 “엄마, 주사 맞으러 갈게요”라고 말하는 것이 아닌가? 나는 “진짜 갈 거지?” 하며 재차 확인했다. 이 상황이 너무나 당황스러웠지만 내심 기뻤다. 아이의 손을 붙들고 다시 병원으로 갔다. 마치 자신이 원래 주사를 잘 맞았던 아이인 것처럼 태연하게 주사를 맞는 모습을 보고 웃지도 울지도 못했다.

나는 왜 화가 났을까? 곰곰이 생각해보았다. 아이는 주사가 무서울 수 있다. 그럼 무엇이 나를 화나게 했을까? 나는 주위 사람들의 시선이 무척 신경 쓰였다. 그래서 아이에게 주사를 맞히고 병원에서 빨리 나오고 싶었다. 나는 아이를 기다려주는 것이 아니라 병원에서 빨리 나오기 위해 참아주고 있었던 것이다. 참아준다고 생각하니 어느 순간 화가 났던 것이다.

둘째가 말을 하기 시작했을 때, 엄마, 아빠 다음으로 한 말이 '빨리빨리'다. 나는 깜짝 놀랐다. 내가 얼마나 많이 했으면 아이가 이 말을 먼저 할까 싶어 그날 스스로 반성을 많이 했다. 그래서 내가 어떤 말을 하는지 알고 싶어서 휴대 전화에 목소리를 녹음했다. 그리고 아이를 재우고 나서 녹음한 것을 들었다. 첫째에게 "빨리 일어나야지", "빨리 세수해야지", "빨리 밥 먹어야지", "빨리 양치해야지", "유치원 차 올 때가 되어가네", "빨리 나가자", "빨리…", "빨리…." 나는 셀 수 없이 이 말을 쓰고 있었다. 그리고 빨리라는 말을 한 후 아이가 행동하지 않자, 똑같은 말을 반복할 때는 억양이 낮고 굵어진다는 것을 알았다. 그때 아마 표정도 굳어지지 않았을까 싶다. 그나마 다행인 것은 화를 내지 않고 거기서 끝났다는 것이다.

우리는 주말부부다. 그래서 평일에는 모든 육아를 오롯이 나 혼자 감당해야 했다. 게다가 나는 직장맘이다. 직장맘의 아침은 마치 전쟁과 같다. 아침 준비해야지, 출근 준비해야지, 둘째 어린이집 갈 준비시켜야지 스스로 할 수 있는 첫째만 입으로 다그쳤던 것 같다. 나는 첫째에게 많이 미안했다. 그날 이후로 '빨리빨리'라는 말과 이별했다. 아침에 조금 더 일찍 일어나서 출근 준비를 먼저 했다. 그리고 아침은 간단히 먹고 갔다. 그러니 출근 시간에 여유가 생겨 첫째에게 채근하지 않게 되었다.

화가 나는 원인 중 하나는 조급함이라는 것을 알았다. 그래서 어떻게 하면 조급함을 여유로움으로 바꿀 수 있을까 생각하게 되었다. 만약 화를 자주 내고, 자신의 말투가 궁금하다면 휴대 전화로 동영상을 찍어서 자신의 표정, 말투, 행동을 관찰해보는 것을 추천한다. 내가 나를 마주할 때 변화가 시작된다.

둘째가 일곱 살 때 일이다. 둘째와 단둘이 저녁을 먹고 집으로 돌아오는 길이었다. 아파트 주차장에 주차를 하고 내렸는데, 갑자기 둘째가 오늘 놀이터에서 못 놀았다며 놀이터에 가겠다고 떼를 쓰기 시작했다. 지금은 너무 늦어서 갈 수 없다고 했고, 아이는 악을 쓰며 울기 시작했다. 나는 "안 돼"라고 말하며 아이를 쳐다보고 기다렸다. 그렇게 30분이 지났는데, 친한 언니가 지나가면서 나 보고 뭐하냐며 안타까운 눈빛으로 쳐다보곤 이내 손을 흔들고 갔다.

그렇게 10분이 더 흘렀다. 둘째의 울음소리는 잦아들었지만, 여전히 놀이터에 가겠다고 했다. 그래서 차분히 지금 시간이 늦어서 갈 수 없다고 말했다. 그렇게 말하고 있는 순간, 친정 엄마가 지나가다가 이 모습을 보신 것이다. 이 상황이 어이가 없으셨는지, "너희 딸이 우리 딸 잡겠다" 하시며 안쓰러운 눈빛으로 나를 쳐다보셨다. 그때 나도 엄마 품에 안겨 울고 싶었다.

도대체 우리 딸은 왜 이러는지 도통 이해가 되지 않았다. 날은 추워지고 집에도 못 들어가고 계속 이러면 어쩌지 하고 걱정이 되었다. 그렇게 10여 분이 더 지나자 둘째가 먼저 집으로 가자고 했다. 집으로 돌아온 둘째는 바로 잠들었다. 곤히 자는 아이의 얼굴을 보며 '네가 오늘 잠이 와서 그랬구나. 엄마가 좀 더 네 마음을 알아주기 위해 노력할게' 생각하고 방을 나왔다.

그날 이후, 둘째는 고집을 피우거나 떼를 쓰는 일이 없어졌다. 정말 다른 아이가 되었다. 친정 부모님께서도 너무 신기하다며 둘째의 수없이 많은 에피소드를 이야기하며 웃으셨다. 그때 친정 엄마가 이렇게 말씀하셨다.

"애가 저리 변한 건 다 엄마가 기다려준 덕이지…."

나의 마음을 알아주는 친정 엄마의 말에 아이 키우는 일이 그리 고된 일은 아니라는 생각이 들었다.

육아휴직을 끝내고 9월에 복직했다. 내가 복직한 학교는 집에서 걸어서 5분 거리에 있었다. 그래서 오며 가며 학부모들과 마주치는 경우가 많았다. 그다음 해, 나는 4학년을 맡게 되었다. 친한 언니가 엄마들 모임에 갔다 와서 우리 아파트의 같은 통로에 사는 엄마 이야기를 했다. 언니 말로는 다른 4학년 엄마들이 우리 선생님 저렇게 약해서 어떻게 애들을 가르치냐고 했는데, 그때 나와 같은 통로에 사는 엄마가 나는 그 선생님이 우리 딸 담임이면 좋겠다면서, 겉모습만 보고 판단하지 말라고, 얼마나 아이의 마음을 잘 알아주고 기다려주는데, 내가 그 모습을 얼마나 많이 본 줄 모른다고 했다는 것이다. 자신의 아이를 그렇게 기다려주는데, 학교 아이들은 얼마나 잘 이해해주겠냐면서 말이다. 나는 이 이야기를 전해 들으면서 7년을 기다려준 내가 옳았구나, '참아주는 것'이 아니라 '기다려야만' 하는 것이 맞구나 하는 생각이 들었다. 그 엄마의 말은 지금도 내 마음속 응원가가 되어 맴돌고 있다.

아이를 키우는 데 있어서 부모는 참아주는 것이 아니라 기다려야만 한다. 부모가 기다려주는 과정에서 아이는 안정감을 느끼고 바르게 성장한다. 기다릴 때 부모가 꼭 해야 할 중요한 일이 있다. 바로 아이를 관찰하는 것이다. 아이를 관찰하다 보면 공통된 문제 행동의 패턴을 알게 된다. 그때 어떤 감정도 실지 않고 그 문제 행동에 개입해야 한다. 하지만 단번에 빠른 결과를 기대해서는 안 된다. 빠른 결과를 기대하면, 그사이에 얻는 것보다 잃는 것이 더 많아진다. 그리고 그 문제 행동을 해결하는 데 더 많은 시간과 노력이

들어가게 된다. 육아에서 기다려주는 것은 선택의 문제가 아니다. 당연히 기다려야만 한다.

아이를 탓하기 전에
아이가 원하는 것을 이해하기

새 학기를 맞이하는 첫날, 아이들과 새로운 학년에 올라왔을 때 느끼는 감정에 대해 돌아가면서 이야기했다. 새로운 친구들과 선생님을 만나서 설렌다는 아이, 1년 동안 어떤 일들이 펼쳐질까 궁금하다는 아이, 친구를 잘 사귈 수 있을까 걱정된다는 아이, 새로운 교실에 적응을 잘할 수 있을까 불안하다는 아이 등 똑같은 상황에 아이마다 느끼는 감정이 다르다. 모두가 돌아가면서 이야기를 나눌 때, 나는 걱정하거나 불안해하는 아이들을 눈여겨본다. 그런 아이들에게는 3월에 새로운 환경에 적응하는 것이 누구보다 힘든 일이기 때문이다. 그래서 3월에는 부모님께 아이가 새로운 환경에 적응하는 것이 힘들 수 있으니 아이의 마음을 알아주시고 격려해달라고 부탁드린다.

퇴근하려던 찰나, 혜미의 담임 선생님이 다급하게 오셔서 혜미에 관해 물어보셨다. 그래서 무슨 일이 있냐고 물어보니 이렇게 말씀하셨다.

"혜미 어머니께서 전화가 왔어요. 저희 반인 유정이가 혜미의 말에 퉁명스럽게 대답하고 무시하는 행동을 한다고 하셨어요. 그래서 혜미가 학교에 가기 싫다고요."

담임 선생님은 자신이 교실에서 혜미를 관찰한 것과 다르게 이야기하시는 어머니의 말씀에 놀랐다고 한다. 그래서 혜미와 유정이를 불러 각각 상담을 해보니 혜미는 유정이와 놀고 싶은데, 유정이는 혜미와 놀기 싫다고 했다고 한다. 선생님도 이야기를 듣고 난감하셨다고 한다. 4학년이 된 아이들에게 억지로 "저 친구가 너랑 같이 놀고 싶으니 같이 놀아"라고 할 수 없기 때문이다.

상담 후 다음 날, 현장체험학습을 하러 갔다. 담임 선생님은 현장체험학습을 하러 가서도 혜미는 유정이를 계속 따라 다녔고, 유정이가 하는 말과 행동에 아주 신경 쓰는 듯했다고 하셨다. 그래서 중간에 담임 선생님이 혜미와 유정이를 불러서 이야기했지만, 상황은 나아지지 않았다고 한다.

현장체험학습이 끝난 다음 날 아침, 혜미는 울면서 또 학교에 가기 싫다고 했고, 불안한 어머니는 교문에서 혜미를 기다리다가 유정이가 보이자 급기야 유정이를 붙잡고 왜 우리 아이와 놀지 않냐고 따졌다고 한다.

그래서 유정이 어머니가 유정이의 이야기를 듣고 화가 나셔서 담임 선생님에게 연락해서 혜미의 어머니에게 사과받고 싶다고 했다고 한다. 그러고 있을 찰나, 이번에는 혜미 어머니의 전화가 왔고, 혜미 어머니는 울면서 이 학교에 못 다니겠으니 전학을 가겠다고 하셨다고 한다. 전화기 너머로 어머니 옆에서 같이 울고 있는 혜미의 목소리가 들렸다고 한다. 다음 날 아침, 혜미의 어머니는 1학년 때부터 3학년 때까지 아이들이 혜미에게 잘못한 내용을 두 장 빼곡히 적어 혜미의 손에 들려 보냈다고 한다.

어머니의 행동이 너무나 안타까웠다. 아이가 정말 원하는 것이 전학 가는 것일까? 어머니가 지금 불안하고 걱정되는 마음을 아이를 앞세워 전학을 가겠다는 것으로 표현한 건 아닐까 하는 생각이 들었다. 과연 아이가 전학 가서도 친구들과 잘 지낼 수 있을까? 지금 상황은 아이가 자신의 모습을 받아들이고 친구와 잘 지내는 방법을 스스로 터득해야 한다. 이때, 부모는 아이의 마음을 알아주고 대화로 원인이 무엇인지 파악해야 한다. 그리고 선생님과 함께 친구와 잘 지내는 방법을 스스로 터득할 수 있게 도움을 줄 수 있어야 한다. 지금 부모는 아이가 원하는 것이 무엇인지 알아차리는 현명함이 필요하다.

6학년 담임을 맡을 때였다. 고학년이 되면 여자 친구들은 또래 관계에 가장 많이 신경을 쓴다. 그리고 그 또래 관계가 자신이 원하는 대로 되지 않을 때 스트레스를 많이 받는다. 보통 부모에게 받는 사랑이 충만한 아이들은 또래 관계에 집착하지 않지만, 그렇지 못한 아이들은 또래 관계에 더 집착하는 모습을 보인다.

지영이는 같이 노는 친구가 두 명 있었다. 그 친구들과 사이가 좋아지지 않는 날이면 한없이 우울했다. 그런 날이면 같은 반 친구들에게 시비를 걸어 싸우는 일이 잦았다. 그래서 지영이와 상담을 자주 했다. 지영이는 "친구가 싫다. 같이 놀고 싶지 않다. 친구가 없어도 괜찮다"라고 말했다. 그러나 막상 그 친구들과 사이가 소원해지면 학교에서 무기력해지는 모습이 자주 보였다.

하루는 함께 노는 친구들과 SNS에서 크게 싸우는 일이 있었다. 서로 절교하고 다시는 안 볼 거라고 했다. 그 일이 있고 3일이 지난 후 지영이와 다시 상담했다. 지영이는 매우 슬퍼 보였다. 왜 그러냐고 물으니, 사실 친구들과 사이좋게 지내고 싶다고 했다. 지영이의 마음의 끝은 친구들과 놀고 싶은 마음뿐이었다.

친구 관계를 힘들어하는 아이들은 공감을 받아본 적이 없고, 표현이 서툴다는 것을 알게 되었다. 말은 "같이 놀기 싫다"라고 하지만, 실제 마음은 '같이 놀고 싶어요. 도와주세요'라고 하는 경우가 많다. 그런데 이런 경우 부모님이 행동만 보고 아이가 잘못되었다고 탓하면 아이는 기댈 곳이 없어진다. 사랑하는 부모가 아이의 마음을 알아주지 못하면 누가 알아주겠는가? 부모는 아이를 탓해서는 안 된다. 부모는 아이가 하는 말 속에 숨어 있는 진심을 알아차려야 한다. 그래야 아이를 탓하기 전에 우리 아이가 원하는 것이 무엇인지 이해하고 도와줄 수 있다.

같이 밥을 먹을 때, 아이가 실수로 물을 엎지르는 경우가 있다. 이런 행동이 반복되면 부모는 "또 물을 쏟았냐"고 역정을 내면서 물을 닦는다. 실수로 물을 쏟은 아이는 어떤 감정이 들까? 실수에 대한 부정적인 감정이 들 것이다. 이런 경험을 반복한 아이들은 학교에서 다른 아이가 실수하는 것을 실수로 보지 않고 야단을 맞아야 한다고 생각하고 나에게 계속 이른다.

날씨가 더워지면 아이들이 물통에 물을 담아 학교에 온다. 물을 먹다가 친구가 부르면 뚜껑을 열어둔 채 책상 위에 물통을 놓아둔다. 그러다가 자신의 팔꿈치로 물통을 쳐서 물을 쏟는 경우가 아주 많다. 의도치 않은 실수다. 그때 나는 아이에게 "어떻게 해야 할까?" 하고 물어본다. 그러면 아이들은 "닦으면 돼요"라고 말한다. 그리고 나는 그것을 스스로 처리할 수 있게 기다려준다. 우유를 쏟는 경우, 수채화 물감을 사용하는 미술 수업을 하고 물통을 들고 가다가 쏟는 경우, 급식소에서 식판을 쏟는 경우 등 이런 경우는 아주 많다. 어른인 나도 물을 쏟거나 실수할 때가 많다. 이때 실수를 아이 탓으로 돌리기 시작하면 아이는 주눅이 든다. 아이에게 실수일 뿐이라고, 경험할 기회를 부모가 제공해야 한다.

아이들에게 실수에 대해 어떻게 생각하냐고 물으면 "실수는 나쁜 거예요", "실수는 하면 안 되는 거예요", "실수하면 부족하거나 실패한 거예요", "실수하면 사람들에게 안 들켜야 해요"와 같은 대답을 한다. 그래서 실수를 하면 자기에 대해 어떤 생각이 드는지 물어보면 "실수했을 때 나는 바보 같은 아이예요", "내가 실수할 때 사람들은 저를 부족하다고 생각할 거예요", "실수를 인정하면 저를 무시할 게 분명해요", "어떤 일을 완벽하게 할 수 없다면 위험을 무릅 쓸 필요는 없어요"라고 대답한다. 그런 다음 내가 "실수를 하지 않고 우리가 성장할 수 있나요?"라고 물으면 모두가 "아니오"라고 대답한다. 나는 실수했을 때, 상대방이 어떻게 이해해줬으면 좋겠냐고 물었다. 그러면 아이들은 "누구나 실수할 수 있다고 말했으면 좋겠어요", "실수했을 때 어떻게 해야 하는지 방법을 알려줬으면 좋겠어요", "실수를 내 탓이라고 말하지 않았으면 좋겠어요"라고 대답한다. 나는 실수를 인정하는 것도 용기라고 말해준다. 실수 안에 더 긍정적인 미래를 위한 지혜가 들어 있고, 실수에서 지혜의 보석을 찾는 시간을 가져야 한다고 말해준다. 또한 발견한 보석은 나를 성장하게 하는 원동력이 된다고 말해준다.

똑같은 상황에서 아이의 행동에 중심을 두느냐, 아이의 욕구에 중심을 두느냐에 따라 부모의 말과 행동은 달라질 수밖에 없다. 부모가 행동을 중심으로 보면 아이와 갈등이 계속 일어날 뿐만 아니라 "하지 말라고 했지!", "또 그랬어", "넌 도대체 애가 왜 그러니?", "너 때문에 못 살겠다"라는 부정적인 말과 행동을 계속하게 된다. 하지만 아이의 욕구에 중심을 두면 아이의 마음을 알아차리고 공감해주면서 더 나은 행동을 할 수 있게 개선 방향을 제시할 수 있다.

아이를 탓하는 것은 아이의 성장에 아무런 도움이 되지 않는다. 아이를 탓하기 전에 아이가 원하는 것을 알아채는 지혜로운 부모가 되자.

화가 아니라 걱정의 다른 이름이다

학교 수업이 끝나면 아이들은 방과 후 수업을 하러 간다. 아이들은 휴대 전화 게임을 하거나 동영상을 보며 방과 후 수업이 끝나기를 기다린다. 하루는 우리 반 남학생이 "선생님, 학교 와이파이 비밀번호가 뭐예요?"라고 물었다. 나는 아이가 물어보는 의도를 알고 있었지만 모르는 척 "와이파이 비밀번호?" 하며 되물었다. 아이는 학교 와이파이 비밀번호를 저장해서 사용했는데, 3월이 되니 비밀번호가 맞지 않아 사용할 수가 없다고 했다. 그래서 나는 지금 급하게 사용할 일이 있느냐고 물으니, 방과 후를 기다리는 시간 동안 휴대 전화를 써야 한다고 했다. 알고 보니 게임을 하기 위해 와이파이 비밀번호가 필요했던 것이다. 휴대 전화 게임을 별로 좋아하지 않는 나는 선생님도 와이파이 비번이 바뀌고 나서 잘 모르겠다고 둘러댔다.

처음에는 아이들이 학교 안에서 휴대 전화로 게임을 하지 못하게 했다. 아이들에게 게임을 못 하게 하니, 선생님들이 찾기 어려운 화장실이나 구석진 곳에 가서 게임을 하는 경우가 종종 생겼다. 선생님들도 아이들이 보이지 않는 곳에 가서 게임하는 것을 막을 방법은 없었다. 그래서 차라리 선생님들이 아이들을 볼 수 있는 곳에서 게임을 하는 게 낫다는 생각에 지금은 학교를 마치고 휴대 전화를 사용하는 것을 제지하지 않는다. 정말 아이러니하다. 학교에 설치된 와이파이는 수업시간 교육 활동 시에 사용하기 위해 구축해놓은 것인데, 그 와이파이가 방과 후 게임이나 동영상을 보기 위해 설치해놓았다는 생각만 들 뿐이다.

초등학교에 입학할 때, 부모님들은 아이의 손에 휴대 전화를 쥐여준다. 특히 부모가 맞벌이하는 경우, 급하게 아이와 연락이 필요할 때가 있다. 그래서 휴대 전화를 사줄 수밖에 없다. 그리고 아이가 학교를 마치고 나왔는지, 학원 차를 탔는지에 대한 불안함을 해소할 수 있는 가장 쉬운 방법이 휴대 전화로 확인하는 것이다. 사실 휴대 전화가 필요한 이유는 딱 한 가지, 사교육 때문이다. 사교육을 시키지 않는다면 휴대 전화는 굳이 필요가 없다. 그래서 나는 부모들에게 휴대 전화를 되도록 늦게 사주라고 말씀드린다. 학년이 올라갈수록 휴대 전화 사용에 대한 장단점도 알고, 부모님과 의견을 나누어 휴대 전화 사용에 관해 약속도 같이 만들 수 있기 때문이다. 결국, 아이들이 배워야 하는 것은 자기 조절력이다.

코로나 시대가 되면서 아이들이 가정에서 온라인으로 수업을 했다. 학교 친구도 만날 수가 없고 부모님 또한 집에 없는 상황에서 아이들의 친구는 휴대 전화밖에 없었다. 혼자 있는 시간의 외로움을 달래기 위한 유일한 수단이 휴대 전화였다. 하지만 부모님의 눈에는 온종일 휴대 전화만 가지고 노는 아이의 모습이 달갑지 않았을 것이다.

내 초등학교 친구들 모임에 나갔는데, 한 친구가 걱정스러운 얼굴로 말을 꺼냈다. 첫째가 5학년이 될 때까지 휴대 전화를 사주지 않았던 친구의 계획은 중학교 가서 사줄 생각이었다고 한다. 하루는 친구가 퇴근하고 집에 들어갔는데 첫째가 최신형 휴대 전화를 들고 있는 것을 보았다고 한다. 그래서 다짜고짜 이 휴대 전화는 어디서 났냐고 물으니, 오늘 아빠가 휴대 전화 대리점에 데리고 가서 사줬다고 했다. 친구는 자신과 상의도 하지 않고 사준 남편에게 화가 났지만, 이미 엎질러진 물인데 다시 담을 수 없다는 생각에 "알았다" 하고 방을 나왔다고 한다.

휴대 전화를 사고 일주일이 지난 뒤, 새벽에 목이 말라 거실에 나왔는데 아이 방에 불이 켜져 있었다고 했다. '이 새벽에 왜 불이 켜져 있지? 불을 켜고 잠들었나?' 하고 문을 열어보니 휴대 전화를 하느라 자신이 온 줄도 모르는 아이와 마주하게 되었다고 한다. 그 때 친구는 '계속 나를 속이고 휴대 전화를 하면 어쩌지?', '휴대 전화에 빠져 공부도 안 하면 어쩌지?', '휴대 전화에 중독되는 건 아닌가?'라는 생각이 들었다고 했다. 엄마가 방에 들어온 것도 모르고 휴대 전화를 하는 아이를 보고 있자니, 갑자기 화가 나서 아이 손에 있던 휴대 전화를 뺏어 던지고 말았다고 했다.

휴대 전화가 산산조각이 난 것을 본 아이가 갑자기 엄마를 밀치며 "도대체 왜 그러냐고…. 엄마는 항상 물어보지도 않고 마음대로 하냐"고 괴성을 지르며 집을 나갔다고 한다. 내 친구는 그 자리에 주저앉아 울고 말았다. 얼마 후, 정신을 차려보니 아이가 집을 나갔다는 것을 알게 되었다고 한다. 친구는 맨발로 뛰어나가 아이를 찾았다고 한다. 다행히 아파트 놀이터에 앉아 눈물을 훔치는 아이를 보고 안도했다고 한다.

친구는 그때가 또 떠오르는지 가슴을 쓸어내리며 말을 이었다. 아이가 공부도 안 하고 온종일 휴대 전화만 할까 봐 걱정이 많이 되었다고 한다. 자신은 아이에게 걱정이 된다고 말해야 했는데, 아이에게 도리어 화만 낸 꼴이 되었다며 화를 낸 자신이 후회스럽다고 했다.

화 안에는 다양한 감정이 존재한다. 하지만 다양한 감정을 알아채고 그 감정의 이름이 무엇인지 배우지도 경험해보지도 못한 우리 세대들은 모든 부정적인 감정을 화라는 것으로 표현한다. 걱정되어도 화를 내고, 놀라도 화를 내고, 무서워도 화를 낸다. 이때 내 친구가 아이에게 네가 휴대 전화를 늦게까지 하는 모습을 보니 엄마가 많이 걱정된다고 말했으면 얼마나 좋았을까?

시아버지 칠순 때, 시댁 식구 모두와 경주 여행을 갔다. 5월의 경주는 날씨가 무척 좋았다. 날씨 덕인지 기분도 좋았다. 그때 전동 킥보드 체험장을 지나가게 되었다. 첫째가 전동 킥보드를 타고 싶다고 했다. 보통 때 같으면 안전을 중요시하는 남편이 전동 킥보드를 타지 못하게 했을 텐데, 그날따라 남편이 순순히 허락했다. 나는 워낙 운동을 좋아하고 도전하는 것을 좋아해서 아이가 하고 싶다는 것은 대부분 경험하게 해준다. 그래서 첫째는 진동 킥보드를 타게 되었다.

그때 첫째는 일곱 살이었다. 지금은 전동 킥보드가 대중화되어 있지만, 그 당시에는 돈 주고 체험을 할 정도였으니, 나는 전동 킥보드에 대한 경험도 지식도 없었다. 안내하는 분의 간단한 설명만 듣고 연습 없이 아이 혼자 전동 킥보드를 탔다. 나는 걱정이 되어서 일곱 살 아이도 혼자 탈 수 있냐고 재차 확인했다. 안내하는 분은 충분히 탈 수 있다고 하셨다. 나는 그 말만 믿고 아이를 전동 킥보드에 태웠다.

첫째가 전동 킥보드에 올라타고 손잡이를 돌리는 순간 첫째의 의지와 관계없이 전동 킥보드는 빠른 속력으로 움직이기 시작했다.

어…. 어…. 나는 첫째에게 “멈춰”라고 소리를 질렀다. 하지만 내 말은 메아리처럼 돌아올 뿐, 첫째는 이내 전동 킥보드와 함께 경계석으로 올라갔고 손을 놓으면서 손잡이에 얼굴을 크게 부딪쳤다. 입에서는 피가 철철 나고 있었다. 나는 떨리는 마음을 부여잡고 아이에게 다가갔다. ‘이가 부러졌으면 어떡하지?’라는 생각밖에 들지 않았다.

남편이 119에 신고해서 구급차를 불렀다. 구급차 대원이 지금 주말이라 갈 수 있는 병원이 포항에 있는 치과밖에 없다고 했다. 그러면서 구급차가 경주에서 포항으로 지역을 넘어갈 수는 없다고 했다. 나는 너무 황당했다. 아이를 위해 구급 대원에게 빌었다. 제발 병원에 데리고 가달라고 말이다. 구급차를 타고 가는 내내 얼마나 마음을 졸였는지 모른다. 아이의 입에서는 피가 멈추질 않았고, 앞니는 부러진 듯 보였다. 하늘이 무너지는 듯했다. 한 시간 후, 무사히 치과에 도착했다. 아이와 진료 차례를 기다리고 있었다. 그때, 한 아이가 들어왔다. 길을 걷다가 돌부리에 걸려 넘어져서 이가 3개나 부러져서 왔다고 했다. 그 아이의 엄마는 상기된 표정으로 아이를 야단치고 있었다. “왜 앞을 똑바로 보지 않았냐? 뭐 하고 있었냐? 또 게임을 했냐?”라고 하면서 말이다. 아이는 우두커니 입만 움켜잡은 채 아무 말도 하지 못하고 듣고만 있었다.

아이는 얼마나 무섭고 불안하겠는가. 부모가 그것도 모르고 걱정되는 마음을 앞세워 아이에게 화를 내면 그 아이의 무서움과 불안이 사라질까? 아이에게는 평생 지울 수 없는 상처가 되지 않을까?

우리가 하는 걱정의 97%는 현실에서 일어나지 않는 일이다. 불필요한 걱정으로 아이에게 화를 낸다는 것은 아이뿐만 아니라 부모에게도 좋지 않다. 화를 낼 때 한번 거울로 자신의 얼굴을 봤으면 좋겠다. 그 얼굴을 마주하고 있는 것은 내가 세상에서 제일 사랑하는 우리 아이라는 것을 잊지 말자. 걱정된다면 아이에게 솔직하게 "엄마가 네가 다칠까 봐 걱정돼", "네가 다른 사람의 물건을 가져와서 오해받을까 봐 걱정돼", "네가 휴대 전화만 하고 공부를 등한시할까 봐 걱정돼"라고 자신의 감정을 말하고, 아이와 함께 힘을 모아 해결책을 모색했으면 좋겠다. 그럼 걱정이 화가 아니라 문제를 해결할 수 있는 발판이 되지 않을까?

엄마인 나부터 이해하고 알아가기

결혼하고 나서 내가 남편에게 말하는 것에 있어 과하다고 생각될 때가 종종 있다. 처음에는 '왜 내가 이 상황에서 이런 말을 하고 있지?'라고 생각했다. 그리고 마음과 다르게 말하는 나를 볼 때면 스스로도 이해가 되지 않았다. 부부 싸움을 할 때, 남편은 항상 말없이 내 말만 듣고 있었다. 그날따라 아무 말 없이 듣고만 있던 남편이 너무 미웠다. 그래서 왜 말을 안 하냐고, 당신도 말 좀 해보라고 몰아세웠다. 그전까지 부부 싸움의 패턴은 나 혼자 화가 나서 남편에게 따지고, 결국 남편이 미안하다고 사과하는 것으로 마무리되었다.

하지만 그날은 달랐다. 남편이 자신의 상황을 이야기하기 시작했다. 나는 처음 겪는 일이라 무척 당황스러웠다. 문제는 남편이 말을 하기 시작하니, 나는 내 말이 옳다는 것을 정당화시키기 위해 예전 이야기까지 꺼내고 있었다. 마치 남편이 모든 것을 잘못한 것처럼. 남편은 아랑곳하지 않고 차분한 목소리로 이야기하기 시작했다. 그럴수록 나는 더 화가 났고 듣기가 싫었다. 그때 마침 아이가 잠에서 깨어 나오는 것을 보고 부부 싸움은 일단락되었다. 나는 화나는 내 마음의 원인을 알 길이 없었다. 내가 왜 이렇게 과한 행동을 하는지 궁금했다.

나는 어렸을 때부터 잘한다는 소리를 많이 듣고 자랐다. 그 잘한다는 소리를 듣기 위해 공부도 열심히 하고, 맞벌이하는 부모님을 위해 조부모와 동생의 끼니도 챙겼다. 그리고 고등학교 3학년 가을에도 야간자율학습이 끝나고 집에 오면 과수원을 일구시는 부모님을 위해 일손을 도왔다. 나는 당연히 그렇게 해야 한다고 생각했던 것 같다. 하지만 나의 마음속 저변에는 내가 이렇게 하지 않으면 부모님이 나를 좋아하시지 않을 거라는 생각이 있었던 것 같다. 나는 사회에 나와서도 모두에게 사랑받고 싶고, 잘하고 싶고, 인정받고 싶어 했다. 하지만 나이가 들수록 이 인정 욕구를 채우기가 힘들다는 것을 알게 되었고, 좌절을 겪었다. 그 첫 좌절이 결혼 생활이었다. 감정의 변화가 드러나지 않는 남편과 같이 있으면 나는 인격적으로 성숙하지 못한 사람처럼 느껴졌다. '나는 왜 이렇게 못났을까? 뭐가 문제일까?' 이런 생각을 하고 있을 때쯤, 신문에서 오은

영 선생님께서 연재하고 있는 칼럼을 보게 되었다. 그 칼럼을 읽는 순간, '나를 이해하고 알아가는 시간을 가져야겠구나' 하는 생각이 들었다. 그날부터 나는 혼자 산책을 하며 나 스스로 화가 나는 상황을 되짚어보기 시작했다. 그리고 그때 내가 화난 이유가 무엇인지 알기 위해 '내 안의 나'를 만나는 시간을 가졌다.

2학년 담임을 맡았을 때다. 우리 반에 새로 전학 온 지율이라는 아이가 있었다. 지율이는 조그만 자극에도 크게 반응하는 경우가 많았다. 하루는 지율이가 점심시간에 만들기를 하고 있었다. 점심시간이 끝나고 5교시 수업을 시작할 때였다. 하지만 지율이는 교과서도 펴지 않고 여전히 만들기만 했다. 그래서 지율이에게 만든 것을 사물함 위에 놓아두고, 수업을 같이하자고 했다. 그때부터 아이는 자신이 만든 것을 찢기 시작하더니 그 종이를 친구들을 향해 욕을 하면서 던졌다. 마치 나에게 보란 듯이. 그 행동도 행동이지만 아이의 눈빛이 너무나 사나워 보였다. 매번 이럴 때마다 나도 지쳐갔다.

점심시간이 끝나고 교실에서 지율이가 보이지 않았다. 그래서 지율이를 찾으러 갔더니 지율이는 운동장에서 놀고 있었다. 아이들이 지율이를 데리고 교실로 왔는데, 교실에 온 지율이는 다시 운동장에 나가겠다며 욕을 하고 고래고래 소리를 질렀다. 그날 나는 지율이가 저런 행동을 하는 데는 이유가 있다는 생각이 들었다. 분명

부모님이 아이에게 폭언과 폭력을 행사할 가능성이 있다고 생각해서 지율이 어머니께 전화를 드렸다. 어머니는 댁에 있다고 하시며 바로 학교로 찾아오셨다.

나는 한 달 동안 지율이를 관찰한 내용을 말씀드렸다. 어머니를 만나보니 이미 많이 지쳐 계셨다. 그리고 학교에서 전화가 오고 선생님을 만나러 오는 상황이 익숙해 보였다. 나도 교사이자 학부모다. 선생님에게 매일 아이가 사고 친 이야기만 듣고 마음 졸이면서 하루하루를 보내는 것이 어떤 마음일지 이해가 된다. 차마 어머니께 모든 것을 다 말씀드리지 못했다. 어머니가 감당하기 너무 힘들어 보였기 때문이다. 도리어 내가 어머니를 위로해드리고 집으로 보내드렸다.

상담한 다음 날, 지율이가 칼을 들고 친구를 위협하는 일이 있었다. 나는 어머니께 전화할 수밖에 없었다. 어머니께서는 오늘 아이를 데리러 가려고 했는데, 간 김에 선생님도 뵙고 와야겠다며 2시에 오시겠다고 하셨다. 지율이의 자리에 앉으신 어머니는 자신의 이야기를 시작하셨다.

자신은 어렸을 때 폭언하는 엄마와 엄마를 때리는 아빠를 보고 자랐다고 했다. 그리고 아빠는 자신도 때렸다고 했다. 결혼하고 나서 아이를 보니 그때의 장면들이 주마등처럼 스쳐 지나갔다고 했다. 그래서 부모님을 찾아가서 다짜고짜 옛날 이야기를 하면서 사과하라고 했지만 돌아오는 것은 폭언뿐이었다고 한다. 그래서 상담도 다녀보고 정신과 진료도 다녀봤지만, 소용이 없었다고 하셨다. 나도 부모님처럼 절대 안 해야지 생각했지만, 자신도 아이에게 폭언하고 심지어 때리게 되었다고 한다. 때리다 보니 자신도 모르는 쾌감이 느껴지면서 그 강도가 더 세어졌다고 한다.

어느 순간, 그런 자신의 모습을 보고 아이를 붙들고 같이 죽자는 말을 많이 했다는 어머니는 그 이야기를 하면서 하염없이 우셨다. 나는 그런 어머니를 안아드리며 어머니 탓이 아니라고 말씀드렸다. 자신도 왜 이런 행동을 하는지 알고 있지만, 아이가 잘못하는 상황이면 어김없이 같은 일이 반복된다며 너무나 괴롭다고 하셨다.

그래서 나는 부모님과의 관계를 끊어내라고 말씀드렸다. 자신은 계속 부모님께 사과를 받고 싶다고 말하는 어머니께 아마 죽을 때까지 부모님께 사과받기는 어려울 거라고 말씀드렸다. 어머니도 알고 있지만 포기가 안 된다고 하셨다. 그것을 포기하지 않으면 어머니의 사랑하는 아이도 어머니처럼 자라게 되고, 어머니와 아이는 분리가 되어야 하며, 아이는 어머니에게 사랑받을 권리가 있다고 말씀드렸다. 그리고 어머니가 교실을 나가실 때, 이렇게 덧붙였다.

"어머니, 화내시면 안 됩니다. 또 아이를 때리시면 제가 아동학대로 신고합니다"라고 웃으며 협박 아닌 협박을 했다. 어머니도 알겠다며 나와 의지를 다지고 가셨다. 나는 참 다행이라고 생각했다. 어머니께서 자신을 알아가기 위해 스스로 노력하고 계신다는 것이 말이다.

지금의 모습에서 변화하고 싶다면 지금까지 살아왔던 환경에서 빠져나와야 한다. 그리고 새로운 환경으로 가기 위해 노력해야 한다. 그리고 한 발자국 물러나서 나를 볼 수 있는 관점을 가져야 한다. 그래야 비로소 내가 지금까지 몰랐던 '내 안의 나'와 마주할 수 있다.

그리고 내가 '내 안의 나'와 화해할 시간이 필요하다. '내 안의 나'가 슬픔이 가득한 채 웅크리고 있다면 내가 안아줘야 한다. 그리고 사랑해줘야 한다. 내가 '내 안의 나'에게 손을 내밀 때 비로소 우리는 다시 태어날 수 있다. '내 안의 나'가 상처투성이일 때는 스스로 그것을 찾아가는 데 힘이 든다. 그래서 나는 정신과 상담을 해보라고 권한다. 전문가를 만났을 때 우리는 더 빠르게 자신의 문제를 해결할 수 있기 때문이다.

밥상에서 이야기가 즐거워지면 아이들이 예전의 에피소드를 꺼내면서 나의 모습에 관해 이야기할 때가 있다. 첫째가 말하기를, 예전에 책에 관한 이야기를 한 적이 있는데 엄마의 생각과 자신의 생각이 달랐다고 한다. 그때 갑자기 엄마가 자신에게 그렇게 생각하면 안 된다면서 엄마의 생각을 여러 번 이야기했다고 한다. 그때 아들은 듣고만 있고 아무 말도 못 했다고 했다. 그 이야기를 들으면서도 그 일이 전혀 기억나지 않았다. 중요한 건 아이들이 말하는 에피소드 중 전혀 기억나지 않는 일이 종종 있다는 것이다. 그때 나는 이런 생각이 들었다. 내가 친정 엄마에게 서운했던 것이 엄마도 기억조차 하지 못하는 일일 수 있겠구나…. 그 생각을 하면서 또 한 번 엄마를 이해하고 나를 이해하게 되었다.

부모로 살아가면서 많은 것을 배우고, 성장한다. 나는 아이를 키우면서 가장 좋은 점이 뭐냐고 물으면 나를 이해하고 알아가면서 성장하는 나를 볼 때라고 말한다. 사람은 세월이 간다고 저절로 성장하지 않는다. 나를 이해하고 알아가는 시간을 가질 때 비로소 성장할 수 있다. 오늘도 아이 덕분에 나를 이해하고 알아간다. 그리고 성장한다.

자신의 감정을 다루는 것이 서툰 엄마들

요즘 아이들은 자신의 감정을 처리하는 것에 미숙한 경우가 많다. 친구가 지나가다가 모르고 부딪쳤는데 욕이 먼저 나오는 경우, 같이 놀다가 갑자기 친구를 밀치며 얼굴을 때리는 경우, 체육 시간에 게임을 하다가 지면 억울해서 상대 친구에게 다짜고짜 화를 내는 경우 등 자신의 감정과는 전혀 맞지 않은 반응을 하고, 마지막에 혼자 화를 내어 상황을 더 크게 만드는 것으로 끝날 때가 많다.

요즘 부모들도 아이들처럼 감정을 다루는 것이 서툴다. 학교에 들어오는 민원전화 내용을 들어보면 학교가 자신의 화풀이 대상인 것처럼 예의 없이 화부터 내는 경우가 많다. 그리고 그 내용은 지극히 자신의 이야기며, 기본적인 이치에 맞지 않는 말만 반복하는 경우가 대부분이다. 이 민원전화를 받는 분들도 특정 인물이 전화가 오면 불안할 정도다.

친한 언니는 공무원이다. 요즘도 공무원은 당직을 선다. 왜 당직을 서느냐고 물어보니 민원전화 때문이라고 했다. 술을 먹고 전화를 해서 막무가내로 말도 안 되는 고집을 피우는 경우, 자신의 신세타령을 하는 경우, 다른 사람 잘못을 이르는 경우 등 다양한 민원전화가 있다고 한다. 처음에 이런 이야기를 들었을 때는 '민원전화 때문에 당직을 선다고?' 의아했지만, 이야기를 들어주지 않으면 더 큰일로 이어지는 경우가 많다고 한다. 얼마나 자신의 이야기를 할 곳이 없고 억울하면 저럴까 싶다.

부모들과 상담하면서 많은 부모가 스스로 자신의 감정을 느끼고, 표현하고, 처리하는 것을 어려워한다는 것을 알게 되었다. 부모들이 자주 하는 말이 "너무 화가 나서 주체가 안 돼요", "제가 왜 화가 나는지 모르겠어요", "선생님, 화가 날 때 어떻게 해야 해요?" 등이다.

나는 학기 초가 되면 아이들과 동아리 활동을 통해 감정을 표현하는 연습을 한다. 인간의 감정은 기쁨, 화남, 슬픔, 두려움이라는 네 가지 기본 감정으로 나눌 수 있다. 이 네 가지 기본 감정 연습은 자신의 감정을 말로 표현하지 못하는 학생을 도울 수 있다. 감정 표현만 잘해도 갈등이 확실히 줄어들고 아이들끼리 사이좋게 지낼 수 있다는 것을 수년의 경험을 통해 알게 되었다.

감정을 표현하는 것이 중요한 이유는 우리는 감정을 통해 사랑하는 사람을 알게 되고, 위험한 것을 인지하며, 문제를 해결하는 실마리를 찾을 수 있기 때문이다. 그리고 사람마다 세상을 보는 관점이 다르다는 것도 알게 된다. 대부분 감정은 한 단어로 표현될 수 있다. 처음에는 어른과 아이 모두 감정을 한 단어로 표현하는 것을 어려워한다. 하지만 연습을 하면 누구나 자신의 감정을 느끼고, 표현하고, 처리하는 것을 잘할 수 있다.

내가 4학년 담임을 맡았을 때다. 수업 후, 학부모님에게 문자 한 통을 받았다. 그 문자 내용에는 욕이 가득 적혀 있었다. 처음에 나는 내 눈을 의심했다. 그 욕을 한 친구는 학교에서 거의 말이 없고, 발표도 수줍어서 잘 못하는 친구였다. 그래서 그 친구가 이런 욕을 했다고 생각하니 나도 놀라웠다. 나는 쉬는 시간에도 급한 일이 없으면 교실에서 아이들을 관찰한다. 그런데 그 관찰 상황에서 드러나지 않았던 아이의 모습을 알게 되고 '보는 것이 다가 아니구나'라는 생각이 들었다.

다음 날, 나는 문제가 있었던 아이를 각각 따로 불러 일어난 상황에 관해 이야기해보았다. 친구가 먼저 선물을 주겠다고 했고, 선물을 주겠다고 말한 친구는 선물을 사러 갈 시간이 없어서 선물을 주지 못했다고 했다. 그래서 선물을 받지 못한 친구가 왜 선물을 안 주냐며 화가 나서 문자로 욕을 한 것이었다.

나는 이 이야기를 듣고 욕을 한 아이의 부모님께 전화를 드렸다.

사실 이런 일로 전화를 했을 때 부모님께서 지금 아이의 상황을 받아들이고, 아이의 성장을 위해 같이 도와주시면 정말 감사하다. 그런데 간혹 감정조절이 안 되는 부모님은 전화를 끊는 순간, 아이를 다그치시고 심지어 때리기까지 한다. 그래서 나는 이런 상담을 할 때 꼭 덧붙이는 말이 있다.

"어머니, 절대 아이에게 화내시면 안 됩니다. 아이는 지금 커가는 과정이고, 이런 실수는 누구나 할 수 있습니다. 지금의 문제가 나중에는 아무것도 아닐 수 있으니, 아이에게 올바르게 가르쳐주셔야 합니다."

그리고 한 번 더, "절대 아이에게 화를 내시면 안 된다"고 신신당부를 드린다.

내가 신규 교사였을 때 일이다. 우리 반에 폭력적인 남자아이가 있었다. 화가 나면 책상을 뒤집거나 친구에게 의자를 던지려고 했다. 심지어 화장실에 같은 반 친구를 가두어 괴롭히기도 했다. 그 당시 나는 학교 가는 것이 두려웠다. 매일 아이를 때리고 화내고 물건을 던지는 그 아이를 감당하기가 힘들었다. 그때, 선배 교사 선생님이 상담일지를 적으라고 하셨다. 그리고 부모님과 통화한 후, 통화한 내용도 기록하라고 하셨다. 그리고 일이 생기면 부모님께 꼭 말씀드려야 한다고 하셨다. 그래서 나는 그날 어머니께 전화를 드렸다. 전화를 받는 어머니의 목소리가 썩 좋지 않았다. 나는 그간에 있었던 일을 어머니께 말씀드렸다. 나 또한 신규 교사라 어머니에게 있었던 일만 말씀드릴 뿐, 구체적인 해결 방법을 제시하지는 못했다.

그다음 날, 아이가 조금 풀이 죽어 있는 느낌이 들었다. '어제 부모님과 무슨 일이 있었나?'라고 생각하면서 수업을 시작했다. 중간 놀이 시간이 끝나고 교실에 들어왔는데 그 아이가 보이지 않았다. 5분 정도 기다렸지만 아이는 나타나지 않았다. 나는 너무 걱정되었다. 그래서 반 아이들과 그 아이를 찾으러 갔다. 아무리 찾아도 아이는 보이지 않았고, 학교 선생님들에게 도움을 요청했다.

그런데 우리 반 아이가 갑자기 오더니 "선생님 화장실에 민수가 있어요" 하는 게 아닌가. 그 아이는 화장실 바닥에 우두커니 앉아 있었다. 나는 연구실로 데려와 아이와 이야기를 나누었다. 어제 엄마가 화를 내시면서 매로 자신을 때렸다고 했다. 엄마는 왜 그렇게 하시는지 이야기도 해주시지 않았다고 했다. 그러면서 아이는 중간 놀이 시간 화장실에 갔는데 밖에 나가기가 무서워서 화장실에 앉아 있었다고 했다.

요즘 부모들은 감정을 다루는 것이 서툴다. 자신이 지금 느끼는 감정이 어떤 것인지 모르고, 화가 나는 상황에서 왜 화가 나는지 알아차리는 것 또한 서툴다. 그래서 아이가 학교에서 문제를 일으키거나 상대방 아이를 때리는 경우 상담을 할 때는 "아이에게 화내시면 진짜 문제가 됩니다"라는 말을 꼭 덧붙이고 부모님께 신신당부를 드린다.

나도 부모기 때문에 그 마음을 충분히 이해한다. 하지만 당장 자신이 화나는 마음만을 앞세워 아이를 교육한들 무슨 소용이 있겠는가? 누구를 위해 화를 내는 것인지 생각해봐야 한다. 아이 앞에서 내는 화는 아무 소용이 없다. 그것을 쳐다보는 아이는 '우리 엄마 또 화났네', '우리 엄마는 맨날 화만 내고 진짜 싫다' 이런 생각만 한다. '우리 엄마가 화가 났네', '내가 잘못했구나', '다음 번에는 안 그래야지'라고 생각하지 않는다.

아이들이 하지 말았으면 하는 행동 중 하나는 친구를 놀리는 것이다. 하루는 학부모님께서 전화가 와서 같은 반 친구가 민재를 돼지라고 계속 놀린다고 하셨다. 그래서 민재가 학교 가기 싫다고 한다고 하셨다.

나는 아이들과 친구가 자신을 놀렸을 때 어떤 감정이 드는지 둥글게 앉아서 한 명씩 돌아가면서 이야기했다. 민재의 차례가 되었다. 민재는 돼지라고 놀리는 것이 가장 싫다고 했다. 친구가 돼지라고 놀리면 그 친구를 우주까지 따라가서 죽이고 싶다고 했다. 이 이야기를 들으면서 나도 속으로 깜짝 놀랐다. 민재는 보통 때는 인사성이 바르고 배려심이 많은 아이다. 그리고 친구가 놀려도 웃으면서 "내가 뚱뚱해서 힘이 세지" 하고 재치 있게 넘기는 아이였기에 진짜 속마음을 들으니 나도 마음이 아팠다. 다른 친구들도 민재의 마음을 듣고 놀라는 눈치였다.

갑자기 한 친구가 일어나더니 민재에게 가서 돼지라고 놀려서 미안하다고 사과했다. 자신은 민재가 잘 받아줘서 같이 장난을 치는 줄 알았는데 민재의 마음을 들으니 다시는 민재를 놀리지 않겠다고 말했다. 그리고 연이어 다른 친구들도 사과하기 시작했다. 이런 활동을 하고 나면 아이들은 자신의 감정을 솔직하게 말한다. 그리고 친구의 솔직한 감정을 듣게 되는 경우, 먼저 스스로 친구에게 사과한다. 자신의 감정을 솔직하게 말하는 연습을 함으로써 갈등이 줄어들고 교실에는 평화가 찾아온다. 그래서 우리 반은 1년 내내 친구끼리 싸우는 일이 거의 없다.

부모들도 자신의 감정을 말하는 연습이 필요하다. 긍정적인 말을 들어보지 못한 사람은 긍정적인 말을 어떻게 하는 건지 모르는 것처럼, 감정을 다루어보지 못한 사람은 자신이 지금 느끼는 감정이 기쁨인지, 화인지, 슬픔인지, 두려움인지 잘 모른다. 그래서 자신이 화가 날 때 '내가 지금 화가 나는구나'를 알아차리는 것이 가장 중요하다. 이것만 알아차릴 수 있어도 아이에게 화내는 상황이 많이 줄어든다.

그다음은 자신의 솔직한 감정을 아이에게 표현하는 것이다. 그리고 그 감정을 어떻게 처리하는지 아이 앞에서 보여준다면 아이는 감정을 조절할 수 있는 아이로 자랄 수 있다. 처음이 어렵지, 연습

해보면 누구나 할 수 있다. 지금부터 자신의 감정을 알아채는 시간을 가져보자.

3장

부모가 해야 할 일과 하지 않아야 할 일

예의를 가르치는 것이 아이의 기를 살리는 것

내가 행복학교에 근무하고 있을 때다. 교장 선생님께서는 남다른 열정과 확고한 철학을 가지고 계셨다. 그리고 선생님을 존중하고 믿고 지지해주셨다. 교장 선생님께서는 하루도 거르지 않고 아침맞이를 하셨다. 비가 오거나 눈이 와도 노란 비옷을 입으시고 항상 교문 앞에서 한 명, 한 명 눈을 마주치고 인사를 하면서 아이들을 맞이해주셨다. 나는 그런 교장 선생님이 존경스러웠다.

교육과정 설명회 날이었다. 마지막 질의응답 시간에 한 어머니께서 이렇게 질문하셨다.

"왜 아이들 등교 시간에 녹색 어머니 교통봉사가 매일 이루어지지 않나요? 그러다 우리 아이가 다치면 어떡하나요?"

그때 교장 선생님이 물으셨다.

"어머니, 어머니께서는 녹색 어머니 봉사활동을 하십니까?"

그 질문을 받은 어머니는 얼굴이 빨개지면서 아무 말도 하지 못하고 계셨다. 이내 침묵이 흘렀다. 교장 선생님이 뒤를 이어 말씀하셨다.

"부모가 자신의 아이가 보호받길 원하면 그 부모도 다른 아이를 보호해줘야 하지 않을까요? 내가 다른 아이를 보호해야 다른 부모도 자신의 아이를 보호하지 않을까요?"

나는 교장 선생님의 말씀을 들으면서 탄복을 금치 못했다. 그 어머니는 얼굴이 벌게진 채로 아무 말도 하지 못하고 자리에 앉으셨다.

수업 시간에 활동하기 전, 나는 활동에 관해 설명한다. 활동 설명이 끝나지 않았는데 설명하는 중간에 계속 끼어드는 아이들이 종종 있다. 그래서 나는 학기 초가 되면 경청이 무엇인지 알려주고, 역할 놀이를 통해 경청을 왜 해야 하는지 스스로 느끼게 한다. 그리고 경청하는 방법에 대해 가르쳐준다.

첫 번째, 두 명씩 짝을 지어준다. 처음에는 서로 주말에 있었던 일을 동시에 말해보라고 한다. 그다음, 동시에 말하니 어땠는지 이야기를 해보라고 한다. 그러면 아이들은 무슨 말을 하는지 알아들을 수가 없다고 한다.

두 번째, 짝끼리 역할을 나눈다. 한 명은 주말에 있었던 일을 말하고, 다른 한 명은 다른 곳을 쳐다보거나 딴짓을 하라고 한다. 역할은 서로 번갈아 가면서 한다. 이 활동을 하고 나서 어땠냐고 물어보면 자신이 이야기하는데 딴청을 피우니 기분이 나빴다고 한다.

마지막으로 경청하는 방법을 알려준다. 경청 활동을 하고 난 후, 대다수 아이는 선생님이 말하거나 친구가 발표할 때 경청한다. 하지만 이런 활동을 했음에도 불구하고 경청이 되지 않고 선생님이 말하거나 친구들이 발표하는 중간에 끼어드는 아이가 있다. 나는 왜 그럴까? 궁금했다.

하루는 마트에 갔다가 우리 반 어머니를 만났다. 어머니와 이야기하고 있는데 우리 반 아이가 중간에 끼어들어서 "엄마, 나 저 과자 사고 싶어. 빨리 가자"라고 했다. 만약 우리 아이가 똑같은 행동을 했다면 "엄마, 선생님과 이야기 중이니까 기다려"라고 말했을 것이다. 하지만 그 어머니는 "어…. 알았어. 엄마 갈게. 선생님, 애가 과자를 사달라고 해서 가볼게요"라고 말하며 아이에게 끌려갔다.

그때 나는 어른이 말하는 중간에 왜 아이가 끼어드는 무례한 행동을 하게 되는지 알게 되었다. 결국, 부모가 그 상황에서 아이가 어떻게 행동해야 하는지 가르치지 않았기 때문이다.

요즘 음식점 중에 노키즈존 음식점이 있다. 처음에는 아이가 있는 부모 관점에서 차별이 아닌가 생각했다. 그런데 곰곰이 생각해보니 노키즈존 음식점이 생겼다는 것은 음식점을 이용하는 고객들이 원했기 때문이다. 그러면 왜 음식점을 이용하는 고객들이 노키즈존을 원했을까 생각해봤다. 그들은 조용한 공간에서 온전히 음식에 집중해서 먹고 싶은 것이다. 그래서 아이들이 음식점에서 어떻게 행동하는지 생각해보았다.

음식점에 가면 돌아다니거나 장난을 치는 아이를 종종 볼 수 있다. 그리고 그런 아이를 종업원이 제지하면 부모에게서 메아리처럼 돌아오는 말이 있다. “내 돈 내고 내가 음식 먹으러 왔는데 왜 기분 나쁘게 하냐”, “내 아이인데 당신이 무슨 참견이냐”라고 한다.

남에 대한 존중과 배려가 없는 부모의 말을 아이는 옆에서 그대로 듣고 있다. 그럼 그 아이는 어떤 아이로 자랄까? 사사건건 모든 것이 불만이며 예의가 없는 아이로 자랄 것이다. 음식점에서 아이가 돌아다니고 장난을 치는 행동을 제지하는 것을 우리 아이 기죽인다고 생각하는 부모가 있다. 우리 아이 기죽게 왜 그러냐고 도리어 화를 낸다. 과연 이 행동이 우리 아이 기를 살리는 행동일까? 옆 테이블에 그런 부모가 있다면 어떤 생각이 들까? 그 아이가 어떻게 보일지 한번 생각해본다면 내 아이 기죽이는 행동을 하는 사람은 바로 부모라는 것을 단번에 알 수 있다.

나는 초등학교 입학 전 아이에게 인사하는 것, 밥 먹기 전에 감사하다고 말하는 것, 우리 집에 온 손님이 갈 때까지 배웅하는 것을 꼭 가르치고 싶었다. 그중에 가장 중요한 것이 인사하기였다. 제일 먼저 내가 모범을 보여야겠다고 생각했다. 그래서 아이와 다닐 때면 아파트에 보이는 모든 사람에게 일부러 큰 소리로 인사를 했다. 아이가 하는 것에는 신경 쓰지 않고 내가 인사하는 것에만 신경 썼다. 그리고 집에 와서 거울을 보면서 인사하는 방법을 가르쳐줬다. 그다음, 인사를 하면 마법 같은 일들이 펼쳐진다고 아이에게 자주 말해주었다.

하루는 아이들과 같이 엘리베이터를 탔다. 처음 보는 어르신께서 이 아이들이 이 집 아이들이었냐면서 볼 때마다 인사를 너무 잘해서 어느 집에 사는지 궁금했다고 하셨다. 나랑 같이 다닐 때는 같이 인사를 했기 때문에 인사를 잘하는 줄은 알고 있었다. 하지만 보통 때는 직장에 다녀서 내가 같이 없을 때 아이들이 인사를 하는지 안 하는지는 알 수 없었다. 나는 속으로 '나랑 같이 다니지 않을 때도 인사를 잘하는구나!'라고 생각했다. 그리고 집에 와서 아이들에게 칭찬해주었다. 칭찬을 들어 기분이 좋아진 첫째가 이렇게 말했다.

"엄마, 엄마가 그랬잖아요. 인사를 잘하면 마법 같은 일들이 많이 일어난다고요. 어제 학교에서 대표로 상을 받았는데 교장 선생님께서 웃으시며 너는 인사 잘하는 그 학생이네라고 말씀하셨어요."

나는 첫째에게 이렇게 말했다.

"우리 아들이 얼마나 인사를 잘했으면 교장 선생님이 얼굴까지 기억하실까? 우리 아들 대견하다. 너의 인사가 세상 사람들에게 밝은 빛이 되어 줄 거야."

첫째는 이미 함박웃음을 짓고 있었다. 그리고 뒤이어 말했다.

"엄마, 가끔 길을 지나는 모르는 사람에게 인사를 해서 상대방이 당황스러워 한 적도 있어요. 습관이 되니까 저절로 인사를 하게 돼요"라고 말했다. 나는 이런 아이들이 자랑스러웠다. 지금도 여전히 우리 아이들은 인사를 잘한다.

요즘 뉴스에 보도되고 있는 자녀의 학교 폭력을 둘러싼 한 변호사의 이야기를 접하면서 우리나라에서 권력의 힘이 얼마나 대단한지 다시 한 번 깨달았다. 자식이 잘되는 것이 좋은 대학교에 진학하는 것으로 생각하는 부모의 대표적인 모습이 아닐까 싶다. 남을 괴롭힌 자식에게 반성할 기회조차 주지 않고 도리어 권력으로 자식의 부당함을 가리는 부모의 모습을 보고 자식은 무엇을 보고 배우겠는가? 권력이 있고, 돈으로 다른 사람의 인생까지 좌지우지할 수 있다는 생각을 심어주는 부모의 모습은 너무나 안타깝다.

부모는 아이에게 예의를 가르쳐야 한다. 부모의 큰 역할 중 하나가 아이를 가르치는 것이다. 사람이 태어나서 배우지 않으면 어둡고 컴컴한 밤길을 가는 것과 같다고 했다. 가로등 하나 없는 깜깜한 밤길을 걷는다면 얼마나 무섭고 답답할까? 배움은 어두운 길의 가로등과 같다. 부모는 아이에게 어두운 길의 가로등이 되어 올바른 길로 이끌어주어야 한다. 부모가 먼저 아이에게 모범을 보이고 예의를 가르칠 때, 그것이 진정 아이의 기를 살리는 것이 아닐까?

"너를 위해서야"라는 말 뒤에 숨겨진 욕심을 버려라

자녀 교육서 중 자녀를 서울대에 보낸 어머니가 쓴 책이 베스트셀러인 경우가 많다. 가수 이적의 어머니 박혜란 씨도 세 아들을 모두 서울대에 보내고 나니 출판사에서 자녀 교육서를 출판하자고 여러 차례 연락이 왔다고 한다. 하지만 책을 내야 할지 고민을 많이 했다고 한다. 아들 셋을 서울대에 보냈다고 해서 부모들에게 이렇게 하시오라고 말할 자격이 있는가에 대해서 오래 생각했다는 것이다. 그런 고민을 하고 있을 때, 남편의 응원 덕에 책을 쓰게 되었다고 했다. 책을 출판하고 나서 강의하러 가면 부모들이 하나같이 서울대 보낸 비법에 관해 물어본다고 했다. 하지만 비법이 따로 없다고 말하면 이내 실망하는 눈빛이 역력했다고 한다. 책을 낸 지 몇 년이 지났지만, 아직도 강의 요청이 온다고 한다. 나는 세월이 지나도, 자녀 교육에 있어 본(本)이 되는 부분은 변하지 않기 때문이라는 생각이 들었다. 박혜란 작가님의 말처럼 다른 부모의 비법이 우리 아이에게 통할까 싶다.

요즘 부모들은 아이들 잘 키우는 것이 좋은 대학을 보내는 것이라고 생각한다. 그렇게 생각할 수밖에 없는 이유도 있다. 우리 세대는 부모가 일궈놓은 눈부신 경제 성장을 바탕으로 물질적으로 부족함 없이 자랐다. 그래서 부모는 네가 하고 싶은 것을 하며 행복하게 자랐으면 좋겠다고 말하며 우리를 키웠다. 그런데 IMF가 터지면서 부모님이 일터에서 쫓겨나게 되고, 대학만 나오면 취업 걱정이 없었던 시대가 사라졌다. 기업들도 구조조정을 통해 인원을 축소하게 되었다. 그래서 대학을 나와도 취업하기가 점점 더 어려워졌다. 회사에 취업해도 명예퇴직을 당할 수도 있으니 월급은 적지만 정년이 보장되고 연금이 나오는 공무원으로 대거 몰리게 되었다.

급기야 명문대를 나와서 공무원 시험을 치르는 사례도 나타나기 시작했다. 그래서 '좋은 대학 나와도 취업하기가 어렵네'라는 인식이 쌓이게 되었다. 좋은 대학을 나와도 취업하기가 어려운데, 그보다 좋지 않은 대학을 나오면 취직도 하지 못할까 봐 부모는 걱정하기 시작했다. 그래서 의사, 약사, 판사, 변호사 등 전문직을 선호하게 되었다. 부모는 안정적이고 돈을 많이 벌 수 있는 직업을 구하는 것이 최종 목표라고 생각하며 아이를 좋은 대학에 보내는 것에 더 집착하게 되었다.

대한민국은 우리만의 리그가 펼쳐지는 곳이다. 모두가 좋은 대학 보내기에 혈안이 되어 있다. 그래서 아이가 태어날 때부터 남보다 뒤지지 않기 위해 조기 교육을 시작한다. 그리고 어렸을 때부터 학원에 다니기 시작하고, 남들이 하는 것은 다 해야 한다고 생각해서 일주일 내내 아이가 쉴 틈도 없이 학원을 보낸다. 그리고 사교육 시장은 이러한 부모의 불안을 자극하며 경쟁을 더욱 유도한다.

어렸을 때 제일 먼저 유혹하는 것이 방문 교구 수업이다. 몇 백만 원의 책과 교구를 사야 교구를 가지고 수업을 받을 수 있는 조건을 준다. 첫째가 책과 교구를 사서 들으면 둘째는 수업료만 내면 수업을 들을 수 있다고 말한다. 그리고 아이의 발단 단계를 이야기하면서 지금부터 해줘야 단계별로 수업을 다 들을 수 있고 아이에게 도움이 된다고 말한다. 게다가 네 살이 지나서 하게 되면 늦다며 벌써 이 아파트 아이들은 다 하고 있다고 부모의 불안함을 부추긴다. "어머니만 아직 안 하고 있으세요. 나중에 시작하셔서 과정 다 못하고 후회하지 마시고, 적기에 시작하셔서 효과를 보세요"라며 그럴듯한 말로 유혹한다.

첫째 때, 교구를 가지고 노는 것이 공간적 감각도 기르고 아이의 창의력 발달에도 좋다는 말에 처음에는 내가 쌓기 나무 교구를 사서 교구 교재를 가지고 따라 해보았다. 내가 해보지 않았던 부분이 라 가르치기가 어려웠다. 그래서 교재는 놓아두고 쌓기 나무 교구를 가지고 아이와 같이 놀았다. 같이 가지고 놀다 보니 아이의 공간 감각 발달에 도움이 되겠다는 생각이 들어 교사 자격증을 따게 되었다.

얼마 후, 복직하는 바람에 아이와 함께 할 시간이 없어 집으로 방문 교사를 불렀다. 일주일에 한 번씩 오는 수업이라 내가 퇴근할 때쯤 선생님께서 수업을 마치고 나오면 짧은 브리핑을 하고 가셨다. 우리 아이는 초등학교 2학년이었는데 초등학교 6학년 원의 둘레에 관한 내용을 하고 있었다. 그것을 보고 나는 바로 그 수업을 그만두었다. 초등학교 2학년이 초등학교 6학년 과정의 원둘레에 대한 개념을 이해한다는 것은 거의 불가능하다. 우리 아이의 현재 발달 상황에 맞는 적기 교육이 중요하지 선행해봤자 기억하지도 못하고 아무 도움이 안 된다는 것을 알고 있었기 때문이다.

요즘 부모들은 이전 세대보다 고학력자가 많다. 고학력자가 결혼하고 아이를 낳고 경단녀가 된다. 어느 순간, 아이만 키우는 삶의 무료함을 느끼게 된다. 게다가 자꾸 도태되는 것 같다는 생각이 자신을 괴롭힌다.

고등학교 동창 친구들을 만났을 때다. 한 친구는 공부도 아주 많이 잘했고, 확고한 꿈도 있었다. 그런데 그 친구가 대학교 때 임신을 하면서 급하게 결혼을 하고 아이를 낳았다. 그 친구가 아이를 낳고 난 후, 다른 친구들은 대학을 졸업하고 직장에 다니고 있었다. 그날 그 친구는 자신이 아이만 키우려고 12년 동안 그렇게 공부를 열심히 했나 하는 생각이 들었다고 한다. 그렇다고 아이 키우는 법을 배운 적도 없고, 내 아이를 키우는 게 서툴기만 하다며, 자신이 처량하다고 신세 한탄을 했다.

몇 년이 지나서 그 친구를 다시 만났다. 그 친구는 그전보다 얼굴이 훨씬 좋아 보였다. 그 친구의 이야기 속 주인공은 모두 아이뿐이었다. 아이가 일곱 살이 되었다며, 영어 유치원 이야기부터 학습지를 무엇을 시키는데 어떤 것이 좋다는 것까지 자신의 모든 삶이 아이에게 초점이 맞춰져 있었다. 그리고 아이에게 거는 기대가 커 보였다. 나는 조금 걱정되었다. 모든 부모가 아이가 태어날 때는 자신의 아이가 영재라고 믿는다. 그러다 다른 아이와 비교하기 시작하면서 영재가 아니라고 생각하기 시작한다. 그래도 아이가 서울대에 갈 거라는 꿈은 버리지 않는다.

초등학교 3학년이 되면 부모는 자기 아이의 학습 상황을 파악하게 된다. 그때부터 아이에게 지옥이 시작된다. 아이가 잘한다고 생각되면 선행을 시작하고, 부족하다고 생각해도 선행을 시작한다. 왜? 다른 아이들보다 뒤처질까 봐 말이다.

초 · 중 · 고등학생 수학을 20년 동안 가르친 지인이 자주 하는 말이 있다. 다른 학원을 3년씩이나 다녔는데 와서 테스트해보면 아예 기초가 안 되어 있는 경우가 종종 있다고 말이다. 부모들은 진도가 빠르면 좋아한다고 했다. 구멍이 숭숭 나서 나중에 어디가 구멍이 났는지 찾는 게 더 어려운 줄 모르고, 더 큰 문제는 아이가 '나 이미 다 알아요'라고 생각하고 더 하려고 하지 않는다는 것이다.

그때부터 비극이 시작된다. 시키려는 부모와 하기 싫어하는 아이, 나는 하기 싫다고 표현이라도 하면 다행이라고 생각한다. 더 큰 문제는 말없이 꾸역꾸역 부모님이 시키는 대로 하는 경우다. 이 경우는 결국 고등학교 가서 탈이 난다. 이때는 부모의 말은 통하지도 않는다. 아이의 마음은 이미 다칠 대로 다쳤고, 더 간섭하면 부모와 연을 끊을 태세니 이러지도 저러지도 못하고 미치고 팔짝 뛸 지경이 된다.

그래서 부모는 아이를 잘 관찰해야 한다. 초등학교 저학년까지 아이는 부모의 말대로 좌지우지할 수 있다. 그러나 그 이후는 부모가 끌고 가는 공부는 한계가 있다. 공부는 마라톤이다. 처음부터 달리기 시작하면 나중에는 달릴 힘이 부족하다. 부모의 욕심으로 아이를 달리게 하면 결국 아이는 레이스에서 이탈한다. 아이를 달리게 하는 것은 부모의 욕심이 아니라 믿음과 지지다.

엄마들 모임에 가면 꼭 자식 자랑을 하는 사람이 있다. 자식이 공부를 잘하는 것을 마치 자신이 잘하는 양 으스대면서 이야기한다. 그리고 자식이 좋은 대학을 나왔다고 하면 주변 사람들의 시선이 달라지는 것도 느껴진다. 처음에는 나도 어떻게 좋은 대학을 갔는지 궁금했다. 그런데 좀 살아보니 학교 다닐 때 공부가 다가 아니라는 생각이 들었다. 학교 공부에 목을 맬수록 틀 속에 갇히게 된다는 것을 알게 되었다. 세상은 학교 공부가 다가 아니다. 학교에서 배울 수 없는 것들을 배워야 더 큰 꿈을 이룰 수 있다.

우리 아이들에게 내가 자주 하는 말이 있다.

"세상을 위해 무엇을 내어줄 수 있니?"

처음에는 아이들이 무슨 말인지 몰라 어리둥절했다. 이내 첫째는 "세상을 위해 내 모든 것을 내어주기 위해 세상의 모든 것을 먼저 가져오겠습니다"라고 말한다. 나는 아이들에게 꿈을 원대하게 꾸고, 세상에 선한 영향력을 끼칠 수 있는 사람이 되라고 말한다.

아이가 공부를 잘하는 것이 나의 명예가 되는 순간, 그 아이는 꿈을 원대하게 꿀 수 없다. 아이들은 태어날 때부터 영재가 맞다. 영재로 태어난 아이의 빛을 가리는 것이 부모의 욕심이다. "너를 위해서야"라는 말 뒤에 숨겨진 욕심을 버려라. 그럼 아이는 찬란하게 빛날 것이다.

부모가 먼저 부모답게 행동하라

아이를 낳고 나서 아이가 책을 사랑했으면 하는 바람이 있었다. 그래서 아이에게 읽어줄 책을 사기 시작했다. 어느 순간, 우리 집 책장은 책으로 가득 찼다. 아이는 자신이 좋아하는 책만 반복해서 읽어달라고 했다. 책장은 책으로 가득 찼지만, 아이가 읽는 책은 한정적이었다. 아이의 취향은 고려되지 않은 채 남들이 많이 사는 책을 샀다. 다행히 단행본들은 아이가 재미있어 하고 자주 읽어달라고 했다. 그러나 전집으로 산 것은 손도 대지 않았다. 우리 집 책장 속 전집들은 먼지만 쌓여갔다.

남편이 퇴근하고 왔다. 거실은 책들로 발 디딜 틈이 없었고 책은 정리가 되지 않은 채 널브러져 있었다. 그 모습을 보고 남편이 책을 봤으면 정리하는 습관을 들여야지 이렇게 보기만 하고 제자리에 정리하지 않으면 그것도 습관이 된다고 했다. 그런데 내 귀에는 책 좀 그만 사고 정리 좀 해라는 말로 들렸다.

그때 고민이 되기 시작했다. '책을 책꽂이에 꽂아두기만 하면 실내 장식용밖에 안 되는데…. 아이에게 책을 읽게 하려면 쉽게 손을 뻗어 읽을 수 있는 곳에 두어야 하지 않을까? 그래야 책을 읽지 않을까?' 하는 생각이 들었지만, 워낙 정리를 잘 못하는 나로서는 결국 아이도 나 닮아서 정리 정돈이 안 되면 어떡하지 하면서 내 탓밖에 할 수 없었다. 그래서 남편이 퇴근하고 올 시간이 되면 책을 정리했다. 아이가 책을 읽는 것도 중요하지만, 그것보다 남편을 존중하는 것이 더 중요하기 때문이다.

첫째를 키울 때는 책을 사랑하는 아이로 만들고 싶어 노력을 많이 기울였다. 책을 가지고 쌓기 놀이도 하고, 집도 같이 만들었다. 게다가 아이가 책을 읽어달라고 하면 모든 일을 제쳐놓고 읽어주었다. 그리고 주말마다 도서관에 가서 책도 빌리고 같이 놀았다.

퇴근하고 와서 아이들과 꼭 같이하는 것이 있다. 잠자기 전에 아이들에게 책을 읽어주는 것이다. 처음에는 책을 사랑하게 되었으면 하는 바람에 책을 읽어주었다. 그런데 시간이 지나고 초등학교 고학년이 되어도 아이들은 내가 책을 읽어주는 것을 좋아했다. 아마 책을 읽어주는 것보다 직장 다니느라 하루 종일 떨어져 있던 엄마 옆에 살을 붙이고 냄새 맡는 시간이라 더 좋았으리라고 생각한다.

그리고 아이들과 함께 있는 나도 너무 행복했다. 세상에 부모와 자식이라는 관계로 만나서 나에게 조건 없는 사랑을 주는 존재가 있다는 자체가 감동이고, 축복이라는 생각이 들었다.

그러다 어느 순간, 나는 아이가 책을 사랑했으면 좋겠다는 욕심을 버렸다. 내가 어른이 되어서 책을 좋아하게 되었듯이, 사람마다 그 순간이 다르다는 생각이 들었다. 내가 좋다고 해서 아이한테 강요할 필요가 없다는 것도 알았다. 그 후, 나는 어디를 가든지 내가 좋아하는 책을 항상 가방에 넣어 다니며 시도 때도 없이 읽었다.

어느 순간, 내 옆에 모여 책을 읽고 있는 아이를 보게 되었다. 그리고 첫째는 초등학교 5학년 때, 고정욱 작가님의 책을 읽으면서 책의 매력에 빠지게 되었다. 온종일 앉아서 책을 읽고 있는 아이를 보면서, 아이가 했으면 하는 행동을 내가 먼저 모범을 보이면 언젠가 아이가 따라 한다는 것을 경험을 통해 알게 되었다.

나는 퇴근하고 오면 특별한 일이 아닐 경우, 휴대 전화를 바구니 속에 넣어둔다. 휴대 전화를 손에 쥐고 있으면 꼭 내가 필요한 일이 아님에도 불구하고 보고 있다. 그러다 보면 내가 생각했던 것보다 시간이 빨리 간다.

첫째는 초등학교 6학년 때 휴대 전화를 사주었다. 사교육도 거의 시키지 않아 휴대 전화가 필요 없었다. 그리고 휴대 전화를 사기 전에 휴대 전화 사용 규칙에 대해 서로 이야기를 나누었다. 첫째는 지금도 학교에 다녀오면 바구니에 휴대 전화를 넣어둔다. 그리고 자신이 필요할 때 사용한다. 그러던 어느 날, 첫째가 자신의 시험 기간 한 달 동안은 휴대 전화를 맡아달라고 부탁했다. 처음에는 무슨 말인지 몰랐다. 휴대 전화를 가지고 있으니 생각보다 휴대 전화를 보는 시간이 많다며 공부에 집중하고 싶다고 했다. 스스로 그런 생각을 하는 모습이 기특하기도 하고, 대견하기도 했다. 그래서 매일 아침 첫째의 휴대 전화는 나의 가방에 실려간다.

공부 잘하는 자식을 둔 부모가 하나같이 공통으로 말씀하시는 부분이 있다. 아이가 공부할 때 자신도 책을 읽고 있거나 공부를 하느라 아이가 뭘 하는지 신경을 쓰지 못했다고 한다. 결국, 아이 앞에서 책을 보거나 공부하는 모습을 먼저 보여주고 계셨던 것이다. 아이는 부모의 거울이다. 보통 부모가 휴대 전화를 보고 있으면서 아이에게는 책을 읽으라고 한다. 그러면서 왜 책을 안 읽느냐고 다그친다. 아이들은 속으로 생각한다. '맨날 엄마는 책도 안 읽으면서 나보고만 읽으라고 해. 나도 휴대 전화 보고 싶은데….'

우리 부모님은 성실하고 부지런하셨다. 그래서 아버지는 항상 새벽에 일어나셔서 6시만 되면 우리를 깨우셨다. 그리고 부엌에서는 친정 엄마의 아침 준비가 한창이셨다. 눈을 뜨고 정신을 차리면 정성 가득 차려주신 밥과 반찬이 우리를 기다리고 있었다. 우리가 밥 먹는 모습을 사랑스럽게 쳐다보시는 엄마에게 보답해드리기라도 하듯이 우리는 아침을 항상 맛있게 먹었다. 나는 주말에도 늦잠을 자본 적이 없었다. 매일 똑같은 시간 아버지는 우리를 깨우셨고, 엄마는 아침상을 내어오셨다.

결혼하고 나서도 나는 항상 일찍 일어났다. 당연히 아침에는 일찍 일어나야 한다고 생각했다. 나는 일찍 일어나서 아침밥을 준비했다. 그리고 남편을 깨워서 같이 아침밥을 먹었다. 하루는 남편이 주말에는 늦잠을 자고 싶다고 해서 알았다고 편한 대로 하라고 했다. 그래서 나 혼자 일찍 일어나서 아침밥을 먹었다. 하지만 남편도 이내 일찍 일어나 같이 아침밥을 먹었다. 시간이 지나자 남편도 잠을 적당히 자니 덜 피곤한 것 같다고 했다.

아이를 낳고 나서도 습관처럼 일찍 일어나서 아침밥을 차렸다. 아이들도 당연하듯이 일찍 일어나 같이 아침밥을 먹었다. 그리고 둘째는 나보다 더 일찍 일어나서 음악을 듣거나 책을 읽으며 내가 일어날 때까지 기다린다. 내가 일어나면 둘째는 아침밥 준비를 돕는다. 그렇게 우리 가족 모두 이른 아침을 맞이한다.

부모한테 배운 모습을 그대로 하는 나를 보며 부모님께 감사한 마음이 들었다. 내가 부지런하고 성실한 사람이 된 것은 다 부모님 덕분이라는 것과 그 부지런함과 성실함이 나의 강점이 되었다는 것을 이제는 안다. 그리고 부모의 행동이 얼마나 중요한지 내가 부모가 되면서 깨달았다.

퇴계 이황은 아버지가 일찍 돌아가시고 어머니가 혼자서 아이를 키웠다. 이황의 어머니는 사람들이 과부는 자식을 올바로 가르치지 못하면 흉을 본다며, 지식에만 치중하지 말고 몸가짐과 행실을 바르게 하라고 항상 자식들에게 간곡하게 말했다고 한다. 이황은 홀로 자식을 키우는 어머니가 안쓰러워서 어머니를 기쁘게 하려고 몸가짐과 행실을 바르게 하려고 노력했다고 한다. 훗날 그가 쓴 어머니 묘비문에는 이런 글이 쓰여 있다.

"나에게 가장 영향을 주신 분은 어머니다. 어머니께서는 글을 모르셨다. 사람의 도리를 본(本) 보여주셨다."

이황의 어머니는 말로만 자식을 교육한 것이 아니라, 일상생활에서 자신이 가르치고 싶은 것들을 직접 실천하며 보여주었던 것이다.

학부모님들과 상담하면 이런 말을 자주 하신다. "아이가 책을 읽었으면 좋겠어요", "아이가 휴대 전화 게임을 안 했으면 좋겠어요", "아이가 스스로 공부했으면 좋겠어요." 나는 그때 이렇게 말씀드린다.

"부모님께서 아이가 어떤 모습으로 자랐으면 좋을지 휴대 전화에 적어보세요. 그리고 그 모습을 부모님 먼저 실천해보세요. 부모님께서 먼저 실천하는 모습을 보여주신 다음 말씀하시면 그것만큼 효과적인 방법이 없어요. 휴대 전화 게임을 하는 부모가 어찌 아이에게 휴대 전화 게임을 하지 말라고 말할 수 있겠어요."

지금 아이가 하고 있는 모습은 나의 모습이라는 사실을 잊지 말아야 한다.

아이의 사고력은 '대화'에서 만들어진다

나는 학기 초 국어 시간에 아이들과 질문 만들기를 한다. 그림책을 읽어주고 주인공에게 하고 싶은 질문을 생각 종이에 적어보라고 한다. 학년과 상관없이 아이들은 나에게 똑같은 질문을 한다.

"선생님, 어떻게 질문을 만들어요?"

나는 아이들이 왜 질문을 못 만들까 생각해보았다. 나도 교사지만 하브루타 질문 수업 연수를 듣기 전까지 질문을 만들어 수업하는 것을 경험해본 적이 없었다. 처음에 하브루타 질문 수업 연수를 들었을 때, 나 또한 질문을 만드는 것이 익숙하지가 않았다. 아니, 내 생각을 꺼내는 것이 어려웠는지도 모른다.

지금까지 우리는 교사는 가르치는 사람이고 아이들은 가르침을 받아야 할 존재라고 여겨왔다. 그래서 학생들도 교사로부터 일방적인 가르침을 받는 것을 당연하게 생각했다. 우리의 뇌는 단순하고 쉬운 것만 하려는 특성이 있다. 따라서 무의식중에 누군가가 일방적으로 전달하거나 주는 것에 대해 편하다고 생각한다. 즉, 가르침을 받는 것이 표현하는 것보다 편하다고 생각하는 것이다. 읽는 것보다 쓰는 것을 어려워하는 이유도 여기에 있다.

학교 교실에서 선생님의 일방적인 지루한 강의식 수업을 벗어나기 어려운 이유는 어쩌면 이런 편리함 때문일지도 모른다. 학생들은 교사의 가르침을 조건 없이 받아들인다. 결국, 자신이 무엇을 배우고 있는지조차 모르는 상태에 이르게 된다. 게다가 학생들은 스스로 더 생각하려고 하지 않는다. 그래서 진정한 배움이 무엇인지 알 길이 없다. 교사는 수업시간 아이들이 자신의 가르침을 조용히 잘 듣고 있으면 수업이 잘되었다고 생각하고, 아이들은 선생님의 말씀에 조용히 귀 기울이면 잘 배웠다고 생각한다.

어렸을 때 아이는 부모에게 "엄마, 이건 뭐예요?"라는 질문을 가장 많이 한다. 부모도 처음에는 질문에 대한 대답을 잘해준다. 하지만 호기심이 많은 아이는 시도 때도 없이 질문하기 시작한다. 결국, "엄마, 바빠. 나중에 대답해줄게"라고 한다. 시간이 지나면 아이가 어떤 질문을 했는지, 질문에 대한 답을 해준다고 말했던 것조차 잊어버린다. 이런 부정적인 경험을 통해 아이는 더는 질문하지 않는다.

이처럼 아이가 자라날수록 새롭게 생겨나는 호기심은 어른에 의해 사라져버린다. 그러다 보니 어느새 질문을 던지는 것이 해서는 안 되는 일처럼 되고 만다. 그래서 아이들은 질문하는 것이 두렵고 하고 싶지 않은 것이다. 학생들이 질문을 만들지 못하는 가장 큰 이유는 어른에게 질문을 편하게 할 수 없기 때문이다.

아이들과 질문 만들기 수업을 하다 보면 창의적이고 기발한 아이디어가 무궁무진하게 나온다. 나조차도 '어떻게 이런 질문을 만들었지?' 하면서 감탄하는 경우가 많다. 아이들이 서로 질문을 하고 질문에 대한 답을 주고받으면서 수업을 하다 보면 아이 스스로 생각하는 능력이 자란다. 또한 질문하는 것이 편해진다.

둘째는 맨날 똑같은 책을 가져와서 읽어달라고 했다. 계속 똑같은 책을 몇 십 번씩 읽어주다 보면 나도 모르게 지루하다는 생각이 든다. 그래서 나는 책 속의 그림으로 이야기를 만들어서 읽어준다. 그러면 한 권의 그림책이 수십 권의 다른 그림책으로 변신하게 된다. 그리고 그림을 보면서 질문한다. "주인공의 기분이 어떤 것 같아? 왜 그렇게 생각해?" 아이의 대답을 듣고 아이도 나에게 질문을 한다. 그렇게 질문을 주고받으며 그림책을 읽는다. 어느 순간, 설거지하는 나의 옆에서 글도 모르는 아이가 그림책을 나에게 읽어준다. 나는 설거지를 멈추고 아이 앞에 앉아 이야기를 듣는다.

우리는 뉴스를 들으면서 아침밥을 먹는다. 그리고 뉴스 내용에 대해 서로의 생각을 이야기한다. 사실 뉴스는 대화하기 위한 수단일 뿐이다. 처음에는 뉴스에 관해 이야기하다가 점차 요즘 자신이 하는 생각, 자신이 관심 있는 것에 관해 이야기하기 시작한다. 나는 그 이야기를 들으며 아이가 학교생활을 어떻게 하는지, 어떤 생각으로 하루를 보내는지 알게 된다. 대화를 통해 서로의 일상을 나누는 시간을 가진다. 내가 아침을 먹으며 아이와 이야기를 나누는 이유다.

친한 친구들과 모임을 했을 때다. 한 친구가 모임에 오기 전, 전화통화를 하고 있었다고 한다. 갑자기 아이가 옆에서 통화하는 엄마를 물끄러미 쳐다봤다고 한다. 그래서 왜 그러냐고 물으니, 엄마는 밖에 나갈 때 가면을 쓰고 간다고 했다는 것이다. 집에 있을 때와 밖에 나갔을 때 말투가 너무 다르다고 이야기했다고 한다. 이 이야기를 듣는 순간, 아침에 아이가 숙제하지 않아서 화를 냈던 일이 생각났다고 했다. 그래서 얼굴이 화끈 달아올랐다고 했다. 내 생각으로는 아마 집에서의 엄마 모습과 밖에서의 엄마 모습이 다르다고 말하며 집에서도 밖에서처럼 상냥하게 말해달라는 의미였던 것 같다.

집에 와서 아들과 모임에서 했던 이야기를 나누었다. 아들이 말하기를 "엄마, 사람은 여러 개의 가면을 쓰고 살아요. 저도 집에서와 학교에서, 심지어 학원에서도 모습이 달라요. 엄마가 학교에서 제 모습을 보면 놀라실지도 몰라요. 가면을 쓴다는 건 사회성이 발달했다는 것이 아닐까요?"라고 말하는 것이다.

나는 종종 우리 아들이 하는 말을 들으면 깜짝 놀랄 때가 있다. 내가 나이가 들어서 비로소 깨달았던 것을 열다섯 살 아들이 벌써 알고 있다는 사실이 놀랍다.

하루는 내가 아들에게 학교에서 속상했던 일을 이야기했다. 아들은 내 눈을 바라보며 이야기를 진지하게 들어주었다. 그러면서 하는 말이 "엄마, 사람들은 자신한테 관심이 많지 다른 사람한테 별 관심이 없어요. 아마 엄마가 생각하는 것만큼 사람들은 신경 쓰지 않을 거예요. 그러니 너무 걱정하지 마세요." 나는 중학생 아들과 이야기하는 게 아니라 지혜로운 어른과 이야기한다는 생각이 들었다. 이날, 내가 엄마지만 아들에게 위로를 받았다. 상대방을 공감해주고 위로해주는 것도 높은 지성이 있어야 가능하다.

내가 행복학교에 근무했을 때, 학교 특색으로 프로젝트 수업을 했다. 그때 나는 4학년을 맡았다. 우리 학년 부장님은 행복학교가 된 이후에 계속 프로젝트 수업을 연구하고, 처음 배우는 교사를 이끄는 역할을 하셨다. 나도 그 부장님에게 프로젝트 수업을 배운다는 것이 행운이라고 생각했다.

프로젝트 수업의 기본적인 교육관은 배움에 둔다. 그리고 아이들을 무한한 잠재력과 가능성을 지닌 존재로 본다. 그리고 교사와 학생의 관계를 수평적인 관계로 두고 교사는 학생의 안내자 역할을 한다. 이 수업을 이끌어 나가는 것은 학생이며 성장을 중심으로 수업이 이루어진다. 그리고 프로젝트 수업을 통해 학생들은 배운 지식을 바탕으로 다양한 상황에 적용해봄으로써 문제해결 능력을 기를 수 있다.

사고력은 암기력, 이해력, 응용 능력을 통해 기를 수 있다. 프로젝트 수업에서 아이들은 특정한 상황에서 자연스럽게 반복되는 말을 쓰거나 글이나 정보를 읽고, 쓰고, 해석하고 재구성한다. 그리고 배운 것을 말, 글, 그림 등으로 바꾸어 표현한다. 마지막으로 자신이 배운 것을 실생활에 적용해볼 기회를 제공해준다. 이러한 과정을 통해 아이들끼리 끊임없이 질문하고 대화한다. 이 주어진 상황을 해결하기 위해 아이디어를 나누고 해결방법을 마련하고, 해결방법을 실천해봄으로써 실생활에 적용하는 능력까지 길러진다.

지역 주민들이 학교 담벼락에 가정용 쓰레기를 마구 버리는 사건이 일어났다. 이 문제를 해결하기 위해 전체 학생들의 의견을 묻기로 했다. 먼저 각 반에서 어떻게 해결하면 좋을지 이야기해보았다. 그리고 의견을 모은 다음, 전교생이 체육관에 모였다. 반별로 의견을 발표하기 시작했다. 그리고 발표하고 싶은 학생은 발언권을 얻어 해결방법을 이야기했다. 그리고 그 해결방법에 대해 전교생의 의견을 모은 다음, 하나의 해결방법을 마련하게 되었다.

나는 교사 생활을 하면서 이런 광경을 처음 보았다. 그날은 내 생각의 틀이 깨지는 순간이었다. 학교도 일방적으로 가르치는 교육이 아닌 배움을 위한 교육을 할 수 있다는 것을 알게 되었다. 행복학교 4년 동안 아이들은 자신의 생각을 이야기하고, 문제가 있으면 해결해나가는 것을 당연하게 여기게 되었다. 그리고 스스로 생각하는 능력은 누구보다 탁월했다. 아마도 이 아이들이 미래형 인재가 되지 않을까 싶다.

내 아이가 앞으로 긴 인생을 스스로 살아가기를 원한다면 어떤 문제에 부딪히더라도 두려워하지 않고 해결책을 모색하고 찾아가는 힘, 바로 사고력을 길러줘야 한다. 사고력을 기르는 방법은 어렵지 않다. 아이와 대화를 주고받을 때, 부모의 생각이 옳다고 아이에게 강요하지 않고 아이의 생각을 존중해주면 된다.

아이가 자라는 시간에 성적 올리기에만 집중할 것이 아니라, 아이의 귀중한 시간을 생각하는 힘을 기르는 데 쓰면 좋지 않을까? 스스로 생각하는 힘은 별것 없다. 일상생활에서 부모와 대화하는 시간이면 족하다. 오늘부터 밥상머리에서 아이와 대화를 해보면 어떨까?

덜 해줘야 더 잘 키운다

체육 수업 시간에 아이들과 줄넘기를 했다. 나는 아이들의 줄넘기 실력이 얼마나 되는지 관찰했다. 3학년인데 모둠발 뛰기가 안 되는 친구가 다섯 명 있었다. 그래서 내가 돌아가면서 모둠발 뛰는 방법을 가르쳐주었다. 네 명의 아이는 가르쳐주니 금방 따라 했다. 노력에 대해 칭찬까지 해주니 더 열심히 연습했다. 지금까지 못한다고 생각하고 줄넘기를 시도조차 해보지 않았던 것이다. 마지막 남은 친구를 가르쳐주려고 곁에 가는 순간, 그 아이는 자신은 줄넘기를 못한다면서 주저앉았다. 끝내, 이 친구는 나의 설득에도 불구하고 시도조차 해보지 않았다.

그날 아이의 어머니께 전화를 드렸다. 어머니께 체육 시간에 있었던 상황을 이야기하고 아이와 주말에 줄넘기 연습을 같이해달라고 부탁드렸다. 그리고 아이가 줄넘기를 하려는 것만으로도 칭찬을 많이 해달라고 말씀드렸다. 너무 무리하게 하지 마시고 모둠발 뛰기를 못하더라도 그 시간이 부모님과 함께해서 즐거운 시간이라는 것을 알려주셨으면 좋겠다는 말도 덧붙였다. 어머니께서는 해보겠다고 하시면서 전화를 끊으셨다.

주말이 지나면 아이들이 일기를 제출한다. 그 아이의 일기에는 가족과 줄넘기를 한 내용이 적혀 있었다. 엄마와 아빠와 같이 줄넘기를 했는데 너무나 즐거웠고, 다음에도 또 같이 줄넘기를 하고 싶다고 적혀 있었다. 그리고 엄마와 아빠와 함께 시간을 보내는 것만으로 행복했다고 했다.

다음 날, 아이들과 줄넘기 연습을 했다. 그런데 그 아이가 모둠발 뛰기를 하는 것이 아닌가! 그 모습을 보고 나는 "줄넘기 연습을 열심히 했구나. 대견하다. 자랑스럽다"라고 칭찬해주었다. 아이는 기쁨에 찬 표정으로 줄넘기를 폴짝폴짝 뛰어넘었다.

그날 어머니에게서 전화가 왔다. 하시는 말씀이 처음에 아이가 줄넘기를 하지 않으려고 해서 줄넘기를 하기 전에 같이 게임을 하고 놀았다고 하셨다. 그리고 줄넘기를 해보자고 하니 하더라면서, 아이가 혼자라서 원하는 것을 다 들어줬던 것 같다고 하시며 정작 스스로 할 기회가 없었던 것 같다고 말씀하셨다. 그리고 맞벌이하는 부모님 대신 할머니가 아이를 양육하시면서 손녀가 너무 이쁜 나머지 모든 것을 다 해주셔서 스스로 하는 데 자신감이 부족하다는 것 또한 느꼈다고 하셨다. 그래서 선생님 덕분에 아이가 스스로 할 수 있다는 경험을 하게 되어 정말 감사하다고 하셨다.

아이가 자신감을 가지고 스스로 하기 위해서는 작은 성공 경험이 필요하다. '나도 할 수 있구나!'라는 경험이 쌓이면 다른 것들도 두려워하지 않고 도전하게 된다. 하지만 부모가 아이가 경험할 기회조차 주지 않고 모든 것을 다 해결해주면 자신감이 떨어지고, 새로운 것을 경험하는 것을 두려워하게 된다. 결국, 시도조차 해보지 않고 스스로 못한다는 생각에 사로잡히게 된다.

우리 집 주변에 대형 학원이 몇 군데 있다. 저녁이면 학원 차 뒤에 개인 승용차들이 즐비하게 서 있다. 지나가다 보면 학원에서 나오는 아이들을 한 명씩 부모가 태워서 가는 모습이 보인다. 전업주부인 엄마들을 만나면 하소연할 때가 있다. 학원 다녀오는 아이를 픽업하러 다닌다고 아무것도 하지 못하고 항상 대기하고 있다고 말이다. 사람들이 흔히 말하는 실적 좋은 학원을 보내기 위해 멀리서 아이를 태우고 와서 학원에 데려다주고 아이가 수업하는 동안 기다렸다가 아이를 데리고 간다고 했다. 그리고 공부하는 아이를 위해 힘들까 봐 차 안에서 말도 못 하고 눈치만 본다고 했다. 그때 아이는 무슨 생각을 할까? '공부만 하면 부모님이 뭐든지 다 해주는구나' 이런 생각을 하지 않을까? 이런 아이들은 버스조차 혼자 탈 줄 모른다.

흔히 부모들이 말하는 좋은 대학에 가는 아이 유형은 두 가지다. 하나는 부모님이 꽃길을 걸을 수 있게 입시 학원 선생님보다 더 많은 정보를 가지고 아이를 이끌고 가는 경우다. 이런 아이들은 열심히 하고자 하는 의지는 있지만 스스로 해나가는 힘은 부족하다.

또 다른 유형은 아이 스스로 공부하는 방법뿐만 아니라 자신이 원하는 대학에 입학하기 위해 무엇을 해야 하는지 찾아보고 거기에 맞춰 공부도 스스로 한다. 그리고 자신이 필요한 학원도 선택적으로 다닌다. 부모는 원하는 학원에 등록만 해주면 된다.

두 유형의 아이 모두 똑같은 대학에 들어갔다고 가정하면 대학을 졸업하고 나서 어떤 일이 펼쳐질까? 첫 번째 유형의 아이는 독립을 해야 하는 나이가 지났음에도 불구하고 모든 것을 부모에게 의지하게 된다. 이런 자녀를 두신 분들이 하소연할 때가 있다. 대학 보내면 끝일 줄 알았는데 취업시켜놓으니 집에서 밥만 축낸다고 말이다. 엄마가 올 때까지 밥도 안 먹고 기다리고 있으니 결혼하고 나서는 애 키워달라고 할까 봐 벌써 걱정이 된다고 하셨다.

직장 생활을 하다 보면 MZ세대 이야기가 많이 나온다. 아들이 군대에 갔는데 걱정이 되어서 군부대 옆에 방을 얻어서 사는 엄마, 아들이 회사에 아파서 출근하지 못한다고 부장에게 전화를 거는 엄마, 직장에서 딸이 야단을 들었다고 직장으로 찾아오는 엄마 등 어른들은 부모들이 오냐오냐 키우니 혼자 할 줄 아는 게 아무것도 없다는 이야기를 한다. 그 부모는 걱정돼서 어떻게 눈을 감을 수 있겠냐고 말이다.

나도 교사가 되고 나서 2년 동안 부모님 집에서 출퇴근했다. 그 때는 부모님이 아침밥을 차려주시는 것을 당연하게 여겼다. 결혼하고 나서야 부모로부터의 독립에 대해 생각하기 시작했다. 맞벌이 부부는 아이를 키우기 위해서 어쩔 수 없이 누군가의 도움을 받아야 한다. 육아휴직을 하지 않는 한 아이를 키우기 위해 양가 도움을 받을 수밖에 없다. 양가에서 도움을 주기 어려우시면 보모를 써야 한다. 하지만 부모님은 남의 손에 우리 손주 키우게 하는 것보다 차라리 내가 키우는 게 마음 편하지 하는 마음으로 노후에 손주까지 키워주신다.

결국, 사회적 구조가 자식이 부모에게서 독립할 수 없도록 만든다는 생각이 든다. 나는 부모에게서 독립하고 스스로 살아가고 싶었다. 나 스스로 선택하고 결정하고 싶었다. 하지만 부모님의 도움을 받으면 받을수록 부모님의 말씀에 힘이 실리고 따를 수밖에 없는 상황이 되었다. 부모님도 자식을 다 키우셨으니 여생을 자신들이 하고 싶은 것을 하면서 즐겁게 사셨으면 좋겠다.

나는 학교 마치고 친구들과 놀았던 기억이 가득하다. 특별한 놀이 기구는 없었지만, 친구들과 얼음땡 놀이를 하는 것만으로도 너무나 즐거웠다. 지금 생각해보면 친구들과 뛰어놀면서 일상생활을 살아가는 데 필요한 기본 능력을 배울 수 있었다. 친구와 함께 놀면서 협동을 배우고, 놀이 규칙을 만들면서 사고력을 키우고, 친구와 갈등을 스스로 해결하면서 문제해결 능력을 길렀다. 그리고 자연을 이해하고 자연과 친해지는 과정을 통해 호기심을 자극하고 관찰력을 기를 수 있었다. 결국 우리에게 필요한 것은 스스로 배우는 것이다. 부모는 스스로 배울 수 있는 환경을 만들어주기만 하면 된다.

친정 엄마는 자식 교육에 관심이 많으셨다. 엄마는 동생이 잠만 자고 놀기만 해서 의자에 앉혀서 공부를 시켰다고 하셨다. 공부를 시키다 보니 이러다간 더 공부를 안 하겠다는 생각이 들었다고 하셨다. 그때, 문득 아이가 생각이 없는데 의자에 동동 동여매어 놓는다고 공부를 하겠나 싶었고, 결국 자신이 하고 싶어야 한다는 생각이 드셨다고 한다.

엄마는 그 이후로 동생을 믿고 공부하라는 말씀 한 번을 안 하셨다. 그때 엄마가 공부를 꼭 시켜야 한다는 것을 부모의 사명감으로 생각하고 억지로 의자에 앉혀서 매일 공부를 시켰다면 동생은 어떻게 되었을까?

엄마는 아이를 낳고 키우는 나를 보면서 첫째인 나를 키울 때 담임 선생님께서 이렇게 말씀하셨다며 들려주셨다.

"어머니, 어머니가 아이 팔을 잡고 끌고 가시면 아이 팔이 빠집니다."

나는 엄마의 이 말씀을 듣고 욕심을 버리고 덜 해줘야 더 잘 키운다는 생각이 들었다. 요즘은 부모가 아이에게 많이 해줘서 탈이다.

아이의 미래를 위한 가장 큰 선물은 창의력이다

초인종이 울렸다. '집에 올 사람이 없는데 누구지?' 하며 인터폰을 보니 시어머니셨다. 나는 깜짝 놀랐다. 거실은 책이 정리되어 있지 않아 엉망진창이었다. 맙소사, 나는 급하게 책을 정리했다. 하지만 문밖에서 시어머니를 계속 기다리시게 할 수는 없었다. 결국, 나는 책을 정리하다 만 채 현관문을 열었다. 그리고 시어머니께 내어드릴 차와 과일을 준비했다. 그동안 시어머니는 우리 집을 둘러보시며 지나가다가 잠시 들렀다고 하셨다. 그래서 시어머니께 저녁도 드시고 가시라고 말씀드리니 집에 가서 시아버님과 드셔야 한다고 극구 사양하셨다. 그렇게 시어머니는 가시고 나는 책을 마저 정리했다.

시어머니는 워낙 깔끔한 성격이셔서 불시에 시댁에 가도 항상 집이 깔끔하게 정리되어 있었다. 그러나 우리 친정은 달랐다. 친정 엄마는 집 정리에 그리 신경 쓰시는 분은 아니셨다. 그것을 보고 자란 나는 집 정리의 필요성도 못 느꼈고 불편한 점도 없었다. 게다가 정리를 잘하는 방법도 몰랐다. 나는 시간 날 때 내키면 한꺼번에 밤새 정리했다.

둘째를 낳고 주말 부부인 나를 위해 친정 엄마가 가끔 놀러오셔서 육아를 도와주셨다. 게다가 우리 집에 오실 때 맛있는 반찬도 만들어 가져오시곤 했다. 하루는 내가 아이와 책을 읽다가 잠들었던 모양이다. 초인종 소리에 잠이 깼는데 엄마였다. 들어오시면서 "집이 폭탄 맞았네. 내가 친정 엄마라서 다행이지 시어머니가 이 집 꼴을 보면 너는 쫓겨나가겠다"라고 웃으며 말씀하셨다.

"엄마, 나는 청소보다 아이와 함께 책 읽고 같이 노는 것이 좋아요"라고 말하며 피식 웃었다.

친정 엄마는 내 마음을 이해한다는 듯이, "그래, 네가 또 직장을 나가야 하는데…. 소중한 시간을 네가 원하는 대로 써"라고 하셨다. 그리고 "사람을 위해 집이 있지, 집을 위해 사람이 있는 것은 아니더라. 청소가 뭐 그리 중요하냐…. 나도 청소는 좀 재미가 없더라"라고 말씀하셨다.

얼마 후, 시어머니가 연락을 하셨다. 내가 좋아하는 반찬을 해놓았으니 가져가라는 것이었다. 그리고 첫째 이야기를 한참 하다가 우리 집 이야기가 나왔다. 그때 어머니께서 "너희 집 정리가 안 되어 난장판이던데, 내가 가서 정리 좀 해줄까?"라고 말씀하셨다.

나는 깜짝 놀랐다. 시어머니가 정리를 도와준다는 말은 귀에 들어오지 않았다. 우리 집이 난장판이라는 말만 머릿속에 맴돌았다. 시어머니와 전화를 끊고 나서도, 잠자기 전에도, 일어나서도 그 말이 계속 생각났다. 급기야, '내가 정말 정리가 안 되나?' 하는 생각이 들었다.

둘째를 낳고 허리를 펼 시간이 없었다. 집안일에 아이 둘 돌보고, 승진하는 남편 뒷바라지까지 했다. 그리고 무리하게 집안일을 하면 허리가 너무 아팠다. 그래서 정리까지 하다가 집안일에 지쳐 아이 돌보는 게 힘든 일이 될 거라는 생각이 들었다. 아이가 자유롭게 놀고 책을 읽을 수 있는 환경을 만들 것이냐, 정리 정돈된 깔끔한 환경을 만들 것이냐 고민이 되었다.

아이가 어렸을 때 기관에 가지 않으면 대부분 시간을 집에서 보낸다. 특히, 영유아기의 아이는 보고, 듣고, 느끼는 공간이 가정으로 한정되어 있다. 그때 가정은 아이의 우주와 같다. 그래서 가정환경에 따라 아이의 발달되는 부분이 달라질 수밖에 없다.

내가 집을 정리하면 깨끗한 집을 유지하기 위해 아이에게 강요할 것이다. 그리고 아이가 집을 어지르면 정리하기 힘드니까 아이에게 짜증 낼 수밖에 없을 거라는 생각이 들었다. 반면에 정리는 되어 있지 않아도 아이가 언제든지 책을 읽고 놀 수 있는 환경이 만들어지면 아이의 창의력, 문제해결 능력, 사고력 등을 기를 수 있다는 생각이 들었다. 그리고 나는 정리에 소비하는 노동력을 아이와 놀거나 책을 읽어주는 데 사용하고 싶었다. 게다가 집에 있는 부모도 즐겁고 행복해야 아이도 즐겁고 행복하다는 생각이 들었다. 그래서 나는 정리하는 시간을 아이와 같이 놀거나 아이에게 책을 읽어주거나 나를 위해 책을 읽기로 했다.

복직 후, 첫째를 시어머니가 돌봐주시면서 시댁에 가는 일이 많아졌다. 시부모님과 저녁을 먹고 나면 설거지를 도와드리고 첫째와 놀았다. 어린이집에서 있었던 이야기도 하고, 아이가 좋아하는 딱지치기도 실컷 했다. 그러고 나서 8시가 되면 아이에게 책을 읽어주었다. 그 모습을 보신 시어머니가 며느리가 왜 육아휴직을 했을 때 거실에 책을 잔뜩 쌓아놓았는지 알겠다고 하셨다.

첫째가 시댁에 왔을 때, 온종일 시어머니에게 책을 읽어달라고 했다고 한다. 처음에는 자신도 책을 열심히 읽어줬다고 하셨다. 그런데 계속 책을 읽어달라고 하니 너무 지쳐서 아무것도 할 수가 없었다고 하시며 집이 정리가 안 되어 있고, 설거짓거리가 쌓여 있으니 스트레스를 받았다고 하셨다. 시어머니께서는 평상시 밖에 나갈 때도 누군가가 올 거 같아서 정리 정돈을 하는 게 아니라 자신의 마음이 편하기 위해 정리 정돈을 한다고 하셨다.

정리 정돈은 자신에게는 중요하지만, 아이를 키우는 데 가장 중요한 것은 아니라며, 아이가 책을 좋아하게 만드는 것도 정성이 필요한 일이라고 하셨다. 자신이 아이를 키워보니 정리 정돈을 하는 것보다 아이가 책을 좋아하게 만드는 것이 더 중요한 일이라고 하셨다. 직장 다니느라, 아이 돌보느라 힘든데 어떻게 매번 정리 정돈에 청소까지 깔끔하게 하고 사냐며 돈을 버니까 사람을 쓰라고 말씀하셨다. 그때 속상했던 마음이 물밀듯이 사라졌다. 나를 이해해주고 마음을 알아주는 시어머니께 항상 감사하다.

우리 집에는 화장실이 두 개 있다. 한 곳은 화장실 용도로 사용하고 다른 한 곳은 아이와 마음껏 미술 활동을 할 수 있는 공간으로 만들었다. 처음에는 미술 활동을 거실에서 했는데 청소도 어렵고 편하게 사용할 수 없어서 좋은 공간이 없을까 생각하던 찰나에 안방 화장실이 생각났다. 안방 화장실은 거의 사용하지 않았다. 그래서 그곳을 미술 활동 공간으로 사용하면 편하기도 하고 청소하기도 쉽겠다는 생각이 들었다.

나는 아이와 다양한 미술 활동을 했다. 화장실 벽에 커다란 종이를 붙여놓고 그림도 그리고 스프레이 물감도 뿌려보고 커다란 붓으로 마구 색칠도 해보았다. 아이와 함께 노는 나도 너무나 신나서 웃음이 끊이질 않았다. 청소에 구애받지 않고 마음껏 물감을 사용할 수 있다는 게 제일 좋았다.

주말이면 아이들과 캠핑을 하러 갔다. 우리 가족뿐만 아니라 첫째와 같은 또래 가족과 함께 캠핑하러 다녔다. 둘째가 8개월 될 때부터 본격적으로 다니기 시작했다. 네 가족 중에 우리 둘째가 가장 어렸다. 둘째는 자연을 벗 삼아 자라서 그런지 뭐든지 빨랐다. 스스로 밥 먹는 것부터 젓가락질까지, 문제가 생겼을 때 스스로 해결하는 것도 그렇고 관찰력도 뛰어났다.

둘째가 초등학교에 입학하고 담임 선생님과 상담을 했다. 선생님께서 자신이 뭔가 문제가 생겨 두리번거리면 둘째가 어느 순간 옆에 와서 도와주고 있다고 하셨다. 선생님뿐만 아니라 친구가 어려워하거나 도움이 필요할 때 언제나 옆에서 도와주고 있다고도 하셨다. 그리고 인지 능력이 뛰어나고, 사물을 관찰하고 응용하는 능력이 좋으며, 글 쓰는 솜씨 또한 탁월하다고 하셨다. 선생님께서는 아이를 너무 잘 키우셨다고 비법이 뭐냐고 물으셨다. 그리고 이대로만 자라면 어머니는 걱정이 없으시겠다며 칭찬해주셨다. 칭찬받으려고 아이를 키우는 것은 아니지만 선생님께서 칭찬을 해주시니 나도 기분이 너무 좋았다.

4차 혁명 시대에 아이를 위한 가장 큰 선물은 창의력이다. 스티브 잡스(Steve Jobs), 빌 게이츠(Bill Gates), 일론 머스크(Elon Musk) 등 지금 미래를 이끌어나가는 인재들이 가지고 있는 능력 중 하나가 바로 창의력이다. 그럼 창의력은 어떻게 길러줘야 할까? 창의력은 놀이와 독서를 통해 기를 수 있다. 놀이를 통해 주어진 상황을 해결해 보고, 몰입해보는 경험을 가짐으로써, 그리고 독서를 통해 다양한 지식을 융합함으로써 창의력을 기를 수 있다. 부모들이여, 아이가 미래를 이끌어나갈 수 있게 창의력을 선물하자. 지금부터 아이를 실컷 놀게 하고, 독서에 푹 빠져보게 하자.

결과보다 과정에 집중하기

나는 부모님을 뵈러 갔다가 부모님의 동네 친구 모임에 참석하게 되었다. 어렸을 때 같은 동네에 사셨던 분들이라 내가 나이를 먹고 만나도 편했다. 그리고 나를 마치 그때 어린아이처럼 대해 주셨다. 아이 엄마가 되고 스스로 선택하고 결정해나가는 삶을 살고 있었던 나로서는 그 자리가 마치 따스한 요람처럼 느껴졌다.

처음 대화의 주제는 어렸을 때 나였다. 시험 이야기가 나왔다. 내가 초등학생일 때, 한 학기에 두 번 시험이 있었다. 그 당시 엄마들은 아이의 시험 점수에 목숨을 걸었을 뿐만 아니라 올백 맞는 것을 가문의 영광처럼 여겼다. 당시 학원을 운영하시던 친정 엄마의 친구분은 자식 공부에 대한 열정이 남다르셨다. 그리고 자신이 학원을 운영하다 보니 자식의 성적도 신경을 많이 쓰셨다.

엄마 친구분의 첫째는 세 살 때 글을 읽기 시작했다고 했다. 주변에서 모두 천재라며 아들 잘 키우라고 큰 인물이 될 거라고 하셨단다. 그래서 자신도 첫째에게 기대가 컸다고 했다. 초등학교 3학년이 되었을 때, 아이가 올백을 맞을 수 있나 궁금해서 아이를 데리고 12시가 넘도록 시험공부를 시켰다고 했다. 아이가 잠이 오면 세수를 시키고, 그것도 안 되면 등을 때려가며 공부를 시켰다고 했다. 자신의 목표는 아이가 올백 맞는 것밖에 없었기에 올백 맞는 아이로 만들기 위해 수단과 방법을 가리지 않으셨다고 했다. 시험 날 아침, 아이가 올백 맞기를 바라며 아이가 아닌 자신이 의지를 다지셨다고 했다.

시험 결과가 나오는 날, 초조하기도 하고 기대가 되기도 한 엄마 친구께서는 아이가 시험 성적표를 들고 왔는데 한 문제 틀려서 올백을 맞지 못한 것을 보고 불같이 화를 내며 아이를 몰아세웠다고 하셨다. 아이는 그 자리에서 주저앉아 펑펑 울며 "엄마, 나 정말 열심히 했잖아. 나 너무 억울해"라고 말했고, 그 순간 정신이 번쩍 들었다고 하셨다.

'도대체 내가 아이에게 무슨 짓을 한 건가? 내가 왜 올백에 목숨을 걸었을까?' 생각하며 엄마 친구분은 그날 이후 너무나 괴로웠다고 하셨다. 그래서 그 후로 아이에게 올백을 맞으라고 공부를 시키지도 강요하지도 않으셨다고 했다.

그렇게 10년이라는 세월이 흘러 아이가 대학에 들어갔을 때, 마음속에 묻어 두었던 그 일을 물어보셨다고 했다. 다행히 아이는 기억조차 못 하고 있었고, 엄마 친구분은 가슴을 쓸어내리며 점수에 목숨을 거는 것이 얼마나 어리석은 짓인가 생각하셨단다.

요즘은 학년이 올라갈 때마다 진단평가 시험을 친다. 각 학년의 성취 수준에 맞게 도달할 수 있는가를 진단하는 평가다. 이 진단평가를 치르고 나면 그 결과를 가정으로 통지한다. 결과표에 도달, 미도달로 결과를 표기한다. 진단평가 결과표가 나가면 부모님의 전화가 종종 온다. "선생님, 우리 아이가 몇 개 틀렸어요? 우리 아이 몇 등이에요?"라고 물어보신다. 이런 질문을 하시는 부모님의 아이들은 대부분 학습이 잘되어 있기도 하고, 부모님이 공부에 욕심이 많으시기도 하다. 전화를 하신 부모님과 대화를 하다 보면 결국 다 맞았는지가 궁금하셔서 전화를 하셨던 것이다.

"어머니, 지금도 학년 수업을 따라가는 데 전혀 무리가 없습니다. 그리고 학업 성취 수준도 높습니다. 이런 상황에서 어머니께서 올백에 목숨을 거시면 아이는 불행해집니다. 올백 맞아서 좋은 사람은 누구일까요? 아이일까요? 어머니일까요? 올백을 맞지 않는 인생이 실패한 인생이 아니지 않습니까. 당장 눈앞에 있는 점수만을 보지 마시고 아이의 미래를 봐주세요"라고 나는 말했다.

그 아이는 학교에서도 점수에 신경을 많이 쓴다. 받아쓰기라도 하면 큰 소리로 자신의 점수를 자랑하고 다른 아이들에게 몇 점 받았느냐고 물어본다. 그리고 짜증을 부리며 친구들에게 말을 막 하는 경우가 종종 있었다. 나는 집에서 부모님이 학습에 부담을 많이 주신다는 생각이 들었다. 점수에만 초점을 맞추다 보니 아이의 마음은 알 길이 없다.

나는 어렸을 때 "잘한다"라는 말을 많이 듣고 자랐다. 집에서도, 학교에서도 말이다. 그때는 공부만 잘하면 무엇이든 "잘한다"라고 칭찬을 받았던 시절이다. 성인이 되어서 도전하는 것을 주저하는 나를 종종 볼 때가 있다. 문득 "잘한다"라는 말이 나를 이렇게 만들었다는 생각이 들었다. 새로운 일을 도전할 때 '잘하지 못하면 어쩌나? 내가 못하면 다른 사람들이 나를 무시하지 않을까? 실패하면 어쩌지?' 이런 생각을 했던 것 같다. 이런 생각들이 나를 앞으로 나아가지 못하게 하는 방해꾼이었다. 결국, "잘한다"라는 칭찬은 나 스스로의 한계를 만들어 성장을 방해했다. 그래서 나는 아이들에게 "잘한다"라는 칭찬을 자주 하지 않는다. 잘하지 못했을 때의 절망감보다 다음 번에 잘하지 못하면 어떡하지라는 두려움이 들지 않았으면 하는 바람이 있기 때문이다.

결과를 칭찬하기는 아주 쉽다. "잘했다", "최고야", "100점 맞았네", "1등 했네." 하지만 과정을 칭찬하는 것은 우리에게 익숙하지가 않다. 나 또한 마찬가지였다. 그래서 나는 과정을 칭찬하는 방법을 배우고 종이에 적어 계속 연습했다. 그리고 실제 그 상황이 되면 종이를 꺼내서 보고 한 번 더 연습한 다음 아이에게 말했다.

그 모습을 옆에서 보고 있던 남편이 로봇이 말하는 줄 알았다며 나를 보고 씩 웃었다. 주어진 상황에서 내가 연습한 것을 실제로 해 봤다는 것만으로도 반은 성공했다고 생각했다. 실제 상황에서 말하는 연습을 계속하다 보니, 나중에는 생각하지 않아도 저절로 말이 나왔다. 어색했던 말들이 어느 순간 내가 원래 했던 말인 것처럼 자연스러워졌다. 내 아이를 위해 연습했던 말을 학교 아이들에게도 자연스럽게 쓸 수 있었다.

아이들이 하교한 후, 옆 반 선생님께서 우리 반에 오셨다.

"부장님, 뭐 좀 여쭤봐도 돼요?"

"국어 1단원에서 실천 부분 활동 어떻게 하셨어요?"

"나는 아이들과 감각적 표현을 넣어서 시를 썼어요."

"네? 3학년이 시를 쓴다고요?"

선생님은 깜짝 놀라면서 되물었다.

"3학년이 시를 어떻게 써요?"

"3학년이 시를 얼마나 잘 쓰는데요. 선생님도 보면 깜짝 놀랄 거예요. 지금 우리의 시선으로 보면 3학년이 쓴 시가 글처럼 보일 수도 있고, 내용이 자연스럽지 못할 수도 있고, 심지어 틀린 글자까지 보일 수도 있어요. 그 시선을 거두면 시 속 아이들의 진정한 생각을 볼 수 있어요. 그리고 서로 다른 아이들과 비교해서 보지 않으면 돼요. 그냥 그 아이의 글만 집중해서 보면 모든 아이의 글에 그 아이마다의 멋진 생각을 찾아낼 수 있어요. 그리고 글을 쓰는 것 자체가 기적이에요."

옆 반 선생님은 이전과 다른 눈빛으로 나를 쳐다보았다.

"부장님과 이야기를 하다 보니 많은 생각을 하게 되었어요. 저도 아이 한 명, 한 명에 집중해볼게요."

아이들에게 내가 자주 하는 말이 있다. "사람은 완벽하지 않다." 완벽하기 위해 노력할 뿐이지 완벽할 수 없다고 아이들에게 말한다. 그리고 사람마다 잘하는 것이 다 다르고, 내가 못한다고 생각하는 이유는 남과 비교하기 때문이라고 말해준다. 자신이 못하는 것을 항상 남과 비교하면 얼마나 슬프겠냐며, 선생님도 모든 것을 잘하지 못한다고 말해준다. 그리고 어제의 나보다 오늘의 내가 성장했다면 스스로를 칭찬해주라고 한다. 내가 나에게 칭찬해주고, 격려해줄 때 더 성장할 수 있다고 아이들에게 말한다.

결과만을 두고 이야기하는 우리 사회에서 결과보다 과정이 중요하다고 말하면 비웃을지도 모른다. 그리고 사람들은 과정에는 관심이 없고 결과에만 집중한다. 그리고 그 결과를 보고 '저 사람이니까 하지. 나는 못 해'라고 생각하고 시도조차 하지 않는다.

하지만 결과보다 과정에 시선을 두는 사람에게는 지금의 나보다 더 성장할 기회가 주어진다. 그 기회가 주어질 때 스스로 선택하고 행동하면 비로소 우리는 성공이라는 기쁨을 맛볼 수 있다. 그렇게 결과는 저절로 따라온다. 우리 아이들에게 결과보다는 과정에 집중할 기회를 주자.

4장

나와 우리 아이 모두가 행복해지는 확신 육아

우리 아이, 아는 만큼 쉬워진다

학기 초, 우리 반 아이의 어머니와 상담을 했다. 어머니께서 뭐 하나 물어봐도 되냐고 하셨다. 그래서 나는 흔쾌히 뭐든지 물어보시라고 말했다. 어머니는 아이가 선생님과 만난 지 한 달도 채 되지 않았는데 어떻게 아이에 대해 알고 상담을 할 수 있냐고 물으셨다. 그래서 나는 3월에 상담하는 경우, 제가 아이에 대해 부모님께 말씀드리는 부분도 있지만, 부모님께서 자신의 아이가 가지고 있는 특성이나, 제가 세심히 살펴봐야 할 것들에 대해 들어보는 시간이라고 말씀드렸다. 나의 이야기를 듣고 어머니께서 "그럼, 부모만 선생님에게 말할 거면 상담은 왜 하나요?"라고 하셨다. 이건 모든 선생님의 생각이 아니라, 저의 소견일 뿐이라고 말씀드렸다.

교사 생활을 오래 하신 선생님일수록 아이를 파악하는 데 그리

많은 시간이 걸리지 않는다고 말씀하신다. 15년 이상 교직에 계신 선생님께서는 보통 하루면 아이의 기본 특성은 파악이 된다고 하셨다. 나도 교사 경력 18년 차다 보니 오래 관찰하지 않아도 아이의 기질과 특성을 파악할 수 있다. 하지만 어머니께 이런 점은 말씀드리지 못했다. 내가 하는 말이 모든 선생님의 입에서 나온 것처럼 생각하실까 봐 염려되었기 때문이다.

남편은 승진을 위해 애쓴다고 주말에도 없는 경우가 많았다. 그래서 나는 친한 언니들과 아이들을 데리고 함께 여행도 가고, 가까운 곳에 체험도 같이 다녔다. 게다가 주말이면 항상 시간을 같이 보냈다.

어느 날은 놀이터에서 첫째와 다른 집 아이가 싸우는 모습을 보게 되었다. 가까이 가보니 첫째만 닭똥 같은 눈물을 흘리고 있었다. 그래서 나는 다른 집 아이가 싸움의 원인 제공을 했다고 생각했다. 나는 언니들에게 상황에 관해 속상함을 토로했다. 그러자 한 언니가 나를 안쓰러운 눈빛으로 쳐다보면서, "화정아, 너의 아이가 네가 보는 게 다가 아니다"라고 말했다. 나는 그 자리에서 이 말을 여러 번 곱씹어 생각해보았다. 내가 생각하고 있는 우리 아이는 어떤 아이인가? 내가 보는 우리 아이의 모습에 눈이 멀지 않았나 하는 생각이 들었다. 그 순간, 내가 우리 아이를 객관적으로 보지 않고 내가 원하는 모습으로만 보았다는 생각이 들었다. 그래서 실제 아이의 모습과 내가 생각하는 아이의 모습이 달랐던 것이다.

첫째는 저학년 때 나와 같은 학교에 다녔다. 그래서 담임 선생님을 뵐 기회가 많았다. 하루는 선생님께서 우리 아이에 대해 말씀해주셨다. 첫째가 학교에서 엄마와 아빠가 싸운 이야기까지 다 한다고 하시며 싱긋 웃으셨다. 나는 얼굴이 화끈 달아올랐다. 첫째가 저렇게 수다쟁이었나 싶었다. 그래서 그때부터 첫째의 객관적인 모습을 알아가기 위해 관찰하기 시작했다.

아이가 친구 누구와 노는지, 어떻게 노는지 관찰했다. 우리 아들은 먼저 다가가 친구에게 놀자고 서슴없이 말했다. 자신이 좋아하는 친구와 자주 노는 모습이 보였다. 그리고 친구가 먼저 놀자고 하면 모든 친구와 즐겁게 놀았다. 하지만 친구가 자신이 싫어하는 행동을 계속했을 경우 참지 않았다. 그리고 성격이 급해서 뭐든 빨리 끝내고 다른 것을 하고 싶어 했다. 하지만 자신이 좋아하는 것은 몇 시간씩 앉아서 끈기 있게 했다. 그런 첫째의 모습을 보니, 그때 친한 언니가 왜 그런 말을 했는지 알 수 있었다. 내가 첫째를 잘 몰랐다는 것을 알게 되었다.

나는 첫째를 더 알고 싶었기에 아이가 좋아하는 것, 잘하는 것, 강점, 약점 등을 적어보았다. 글로 적다 보니 첫째의 특성이 몇 가지로 분류되었다. 첫째를 알고 나니 갈등 상황에서 아이에게 어떻게 해줘야 할지, 공부 방법은 어떻게 해야 할지 쉽게 눈에 보였다.

아이를 알고 상황을 이해하면 백전백승이라는 단어가 떠올랐다.

첫째에 대해 알고 난 후, 제삼자가 바라보는 첫째는 어떤지 궁금했다. 부모인 나보다 더 객관적으로 첫째를 볼 기회라는 생각이 들었다. 그래서 담임 선생님과 상담을 할 때마다 첫째의 약점이 무엇인지 여쭤보았다. 처음에는 담임 선생님도 이 질문에 멈칫하셨다. 내가 그 이유에 대해 말씀드리면 그제야 안도하시며 아이의 약점에 대해 말해주셨다. 그리고 아이가 성장하는 데 가정에서 도울 수 있게 부족한 점이 있으면 말씀해달라고 덧붙였다. 그러면 선생님들께서는 부족한 점을 말씀해주시면서 해결책도 함께 제시해주셨다. 어느 순간부터는 내가 알고 있는 우리 아이와 제삼자가 바라보는 아이의 모습이 거의 비슷해져갔다. 이렇게 아이에 대해 객관적으로 볼 수 있게 되니 선생님과 이야기하기도 쉽고, 아이가 성장해나가는 데 필요한 것도 무엇인지 알 수 있게 되었다. 아이를 알수록 아이 키우기도 쉽다는 생각이 들었다.

내가 다니는 학교는 13개 학급에 특수 유치원이 있고, 특수 학급이 2개 있다. 처음에 13학급 학교에 특수 학급이 2개가 있어 조금 의아했다. 각 반에 한두 명 정도 특수 아동이 있다. 그래서 거의 모든 학급이 통합학급으로 운영된다.

나는 이 학교에 오기 전에 통합학급을 운영해본 적이 없다. 교사로서 나는 장애 이해 교육에 대한 연수를 듣고 알고 있는 것, 장애

인의 날을 맞이해서 학생들에게 교육해주는 내용 정도만 알고 있었다. 하지만 함께 수업하게 된 특수 아동이 가지고 있는 장애의 특성이 무엇인지, 그리고 그 장애가 있는 아동을 어떻게 대해야 하는지에 대한 이해는 부족했다.

3월 첫날, 특수 아동과 같이 수업을 했다. 그리고 통합학급 적응기간이라고 해서 일반 학급에서 15일 동안 적응 기간을 가졌다. 나는 일반 학생들도 학급에 적응하도록 도와야 했고, 특수 아동 또한 학급뿐만 아니라, 일반 학생과 적응하도록 도와야 했다. 그리고 특수 아동을 도와주시는 보조 선생님까지 수업에 같이 참여하게 되었다.

우리 반 특수 아동은 자폐아였다. 폭력성이나 충동성은 거의 없고 사회성이 부족한 편이었다. 1, 2학년 때 같은 반이었던 우리 반 아이들은 특수 아동에 대한 이해가 남달랐다. 항상 특수 아동이 수업을 같이할 수 있도록 도와주고 따뜻하게 대했다. 나는 특수 아동을 대하는 아이들의 모습에 놀랄 수밖에 없었다. 아이들 말로는 유치원 때부터 같이 수업을 받았다고 했다. 그래서 특수 아동에 대한 이해도 높았고, 특수 아동을 어떻게 대해야 하는지도 잘 알고 있었다.

특수 아동을 엄마같이 도와주고 사랑해주는 혜민이라는 여자아이가 있었다. 혜민이는 남자, 여자 할 것 없이 모두가 좋아했다. 우리 반 특수 아동 또한 혜민이를 잘 따르고 혜민이를 좋아했다. 혜민이는 수업 시작 전 특수 아동이 해야 할 일을 미리 알려주었다. 그리고 특수 아동을 항상 칭찬해주고 속상한 일이 있으면 위로해주고 안아주었다. 특수 아동은 교실에서 항상 혜민이 곁에 있었다.

그런 혜민이의 모습을 따라가다 보니 특수 아동도 일반 아동과 다를 것이 없다는 생각이 들었다. 하지만 장애의 특성에 따라 발현되는 기질과 행동 특성 부분에서는 내가 알아야 할 부분이 많았다. 그래서 특수 아동을 더 잘 이해하기 위해 특수교육 공부를 시작했다. 특수교육 공부를 하다 보니 특수 아동의 기질과 특성을 더 잘 이해할 수 있었다.

그리고 특수 아동의 장애에 따라 어떤 점이 부족한지 알게 되었고, 교사로서 어떤 점을 도와주고 어떤 능력을 길러줘야 할지 알게 되었다. 특수 아동의 기질과 특성을 이해하고 사랑과 일관성으로 대한다면 특수 아동 또한 통합학급에서 함께 수업을 잘할 수 있다는 생각이 들었다. 다음 해, 그 특수 아동의 동생이 우리 반이 되었다. 어머니께서 "선생님께서 잘 지도해주셔서 아이가 1년 동안 잘 지낼 수 있었다"며 너무 감사하다고 말씀하셨다.

나는 특수 아동과 함께 수업한 것을 행운이라고 생각했다. 그전에 내가 가지고 있는 특수 아동에 관한 생각이 많이 바뀌었다. "아는 만큼 보인다"는 말이 떠올랐다. 특수 아동에 대해 알아가니 특수 아동 또한 가르치는 것이 어렵지 않았다.

아이만 잘 알고 있으면 어떤 문제가 생겼을 때 해결하기 쉬워진다. 그럼 부모도 편하고 아이도 편하다. 내 아이를 알고 자녀교육에 나의 주관이 뚜렷해지면 그 어떤 것보다도 쉬운 것이 육아다. 오늘부터 내 아이를 관찰하자. 그리고 내 아이를 알아가자. 그러한 시간을 많이 가질수록 육아가 쉬워진다. 그럼 가정에 행복이 매일 샘솟을 것이다.

다른 아이가 아닌 내 아이의 성장에 초점 맞추기

첫아이를 키울 때, 나는 아이를 잘 키우고 싶다는 마음이 강했다. 그래서 아이를 키우면서 순간순간 고민이 되거나 어떻게 해야 할지 모를 때 책에 의지했다. 책은 나에게 조언도 해주고 공감도 불러일으키고 위로도 해주었다. 그래서 고민이 생길 때마다 육아서를 펼쳤다.

첫아이를 낳고 첫 번째 고민은 '아이가 왜 잠을 자지 않을까?'였다. 인터넷에는 나와 같은 고민을 하는 부모가 많았다. '아이가 밤낮이 바뀌었다', '밤에 너무 자주 깬다', '아이도 엄마도 언제쯤 잠을 푹 잘 수 있을까?' 같은 고민이었다. 하지만 내가 원하는 해결 방법은 찾을 수 없었고, 고민만 있었다.

그래서 나는 해결 방법을 찾기 위해 육아서를 펼쳤다. 그 당시

유행했던 육아서가 《베이비 위스퍼 골드》였다. 그 책에는 수면 교육을 하면 아이가 태어난 지 3개월 만에도 밤새 잠을 잔다고 쓰여 있었다. 그 당시 이 말이 나에게 한 줄기 희망이었다. 책을 여러 번 반복해서 읽었고, '우리 아이도 밤새 잠을 잘 수 있어'라는 믿음으로 아이에게 수면 교육을 시도했다.

나는 아이를 안고 있다가 잠이 들려고 하는 순간 조심스럽게 아이를 침대에 내려놓았다. 나는 깨지 않고 잠자는 아이를 상상했다. 하지만 침대에 아이를 내려놓는 순간, 갑자기 눈을 뜨더니 심하게 울기 시작했다. 그때부터 나는 말초 신경이 곤두서면서 등줄기에 식은 땀이 흘렀다. '어떡하지? 그냥 놓아둬야 하나? 다시 안아줘야 하나?' 하고 고민하는 시간 동안 아이는 더 심하게 울었다. 그리고 내가 결정하지 못해서 머뭇거리는 사이 남편이 다가와 "아이를 이렇게 울게 놓아두면 어떡하냐"면서 아이를 얼른 안아주었다.

나는 아이를 안고 있는 남편에게 안아주면 어떡하냐고 짜증을 냈다. 남편은 아이를 안고 거실로 갔다. 그리고 남편은 아이가 잠들 때까지 안아주었다. 나는 걱정되기 시작했다. 어떻게 내가 매일 아이를 안아서 재우지? 어른들이 손 탄다는 것이 저런 거 아닌가? 하는 생각이 들었다. 그래서 남편과 이야기를 나누었다. 남편은 모든 아이가 책처럼 키울 수 있는 게 아니라며 아이의 기질과 성향에 맞춰서 키워야 하지 않냐고 말했다. 남편의 말도 일리가 있다는 생각은 했지만 내가 원하는 해답을 주지는 못했다. '그래서 어떻게 하자는 말인가?'라는 생각만 머릿속에 빙빙 돌았다. 그렇게 시간은 흐르고 첫째는 8개월쯤 밤새 잠을 자기 시작했다.

둘째가 태어나고 나서는 바로 수면 교육을 했다. 말이 수면 교육이지 아이를 관찰하는 게 최우선이었다. 아이를 관찰하면 아이를 들여다보는 시간, 즉 쉼이 주어진다. 이 쉼을 통해서 아이가 스스로 판단할 시간을 주는 것이다. 즉, 부모가 판단하는 것이 아니다. 아이가 판단하고 선택할 시간을 주는 것이다. 부모는 지켜보고 있다가 아이가 필요한 부분만 해결해주면 된다. 아이가 잠자리에서 울 때 이유가 있어 우는지, 단지 뒤척이는지는 관찰을 통해 얻은 정보로 쉽게 해결할 수 있다. 둘째는 수면 교육이라고 할 것도 없이 한 달 뒤 밤새 잠을 자고 있었다. 그래서 둘째는 발로 키우는 것 같다고 우스갯소리를 할 정도였다.

나는 수면 교육을 계기로 아이를 책대로 키우는 것이 아니라, 우리 아이의 성장에 맞춰 키워야 한다는 것을 깨달았다. 그때부터 아이를 중심에 두고 육아서를 읽기 시작했다.

초등학교 입학 할 때쯤, 아이의 공부법에 대해 궁금한 것이 많았다. 아이들을 가르치는 교사지만 학교에서 아이를 가르치는 것과 내 아이를 가르치는 것은 달랐다. 그리고 학교에서 잘하는 아이들의 장점만으로 기준을 세우니 공부법에 대한 고민이 깊어졌다. 그래서 서점에 가서 책을 찾아보게 되었다. 서점에 가면 오랜 교육 경험을 바탕으로 전문가가 쓴 책, 자녀 교육에 성공한 부모가 쓴 책, 번역되고 편집된 책 등 공부법에 관련된 많은 서적이 있었다. 하지만 아무리 많은 책을 읽어도 우리 아이에게 맞는 공부법을 찾는 것은 쉬운 일이 아니었다.

첫째가 초등학교 들어가기 전, 첫 영어를 어떤 방법으로 배울지 고민이 되었다. 그래서 영어교육과 관련된 책을 찾아보다가 《잠수네 아이들의 소문난 영어 공부법》을 알게 되었다. 이 책에서는 가장 중요한 것으로 아이와 부모의 관계, 부부의 관계를 먼저 이야기하고 있었다. 그다음 영어 공부를 할 수 있는 가정환경을 조성해야 한다고 말하고 있었다. 내 생각과 같아서 이 책을 믿고 읽기 시작했다. 영어 공부법만 적혀 있었더라면 나는 이 책을 마저 다 읽지 않았을 것이다.

'3년이면 원어민처럼 영어를 할 수 있다고…?' 믿기지 않았다. '나는 10년을 넘게 영어 공부를 했는데 외국인 앞에서 말도 잘 못하는데…. 정말 그렇게 될 수 있을까?' 하는 의구심이 들었다.

나는 모국어를 유창하게 읽고 쓰고 나서 영어를 배워야 한다고 생각했다. 그래서 첫째는 초등학교 들어갔을 때 영어를 시작했다. 말하는 것을 좋아하고 적극적인 성향의 아이여서 영어를 듣고, 보고, 읽고 하니 말하기는 유창하게 잘되었다. 원어민 선생님이 외국에서 살다 왔냐고 말할 정도였다.

그러나 입시에서는 듣기, 읽기, 쓰기, 말하기 영역 중 오직 듣기와 읽기만 요구된다. 말하기와 쓰기는 입시에서 중점적으로 요구하는 영역이 아니다. 나는 눈으로 보이는 말하기 실력만 보고 첫째가 영어를 잘하는 줄 알았다. 하지만 첫째는 왜 단어를 암기해야 하고 문법을 공부해야 하는지 이해하지 못했다. 자신은 이미 영어를 잘한다고 생각하고 있었기 때문이다.

결국, 중학교에 올라가서 입시에 맞는 영어 공부를 다시 해야 했다. 그 사이 나는 많은 고민을 했고, 그 고민 끝에 알게 되었다. 공부도 목표가 중요하다는 것을 말이다. 아이가 입시가 목표면 입시에 관한 영어 공부만 하면 충분하다. 아이가 영어를 원어민처럼 구사하는 것이 목표라면 조기유학을 떠나는 것이 더 효과적이다. 목표가 없는 교육은 아이도 힘들고, 부모도 힘든 꼴이 된다. 공부도 내 아이의 성장에 초점을 맞춘 다음, 정확한 목표 설정부터 시작해야 한다.

목표 없이 다른 집 아이의 적용 사례만 보고, 듣고, 따라 한 내가 참 어리석었다는 생각이 들었다. 그렇게 내가 시행착오를 겪는 동안 뭐든지 끈기 있게 열심히 하는 첫째는 무척 힘들었을 것이다. 사실 그 당시는 내가 힘들어서 아이가 힘들 거라는 생각은 하지도 못했지만 말이다. 그래서 둘째는 자신의 기질과 성향에 따른 정확한 목표를 설정해서 공부하고 있다. 그랬더니 시행착오 없이 자신에게 맞는 공부 방법대로 즐겁게 해나가고 있다.

선생님들과 자녀 교육에 관해 이야기할 기회가 있었다. 선생님 한 분이 요즘 딸이 간호사 자격증 공부를 한다고 말씀하셨다. 그러면서 자신의 딸을 키울 때 이야기를 해주셨다. 자녀 교육에 투자를 많이 했다는 선생님은 주변에 자녀를 좋은 대학에 보낸 분들이 많다고 했다. 그래서 자신이 아이를 키울 때 그분들이 조언을 많이 해주셨다고 했다.

지인분들에게 조언을 듣고 좋다는 것은 아이에게 다 시켰다고 하셨다. 그래서 초등학교 때 듣기 및 말하기 학원, 읽기 및 쓰기 학원 두 군데의 영어 학원을 보냈다고 하셨다. 그 당시에는 중학교부터 영어를 배웠기 때문에 대부분 영어 학원을 보내지 않았다. 그리고 대학교수에게 논술 수업까지 받았다고 했다. 거기에다 수학 학원도 보냈는데 기본 교과 학원, 심화 학원까지 따로 다녔다고 한다. 또 예체능도 필요해서 피아노, 미술도 다녔다고 했다.

나는 들으면서 '그럼 아이는 언제 놀지?'라는 생각이 들었다. 그리고 듣는 내내 나까지 숨이 턱턱 막혔다. 자녀를 좋은 대학에 보낸 지인들의 조언대로 딸을 키우면 지인의 아이처럼 공부를 잘할 거라고 생각했다고 하셨다. 하지만 조언해준 지인들의 아이만큼 공부를 잘하지 못했고, 그때 딸에게 투자한 돈이 아깝다는 생각까지 들었다고 하셨다.

선생님의 첫째는 지금도 가끔 학원을 다니느라 실컷 놀지 못한 것이 가슴의 한이라고 엄마에게 말한다고 한다. 간호사가 된 지금,

그때 그렇게 학원만 다니고 공부만 했던 자신이 가엽다는 생각이 든다고 말이다. 그 선생님은 아이를 다시 키우면 좋은 대학에 보낸 부모의 이야기를 무조건 따라 하지 않겠다고 하셨다. 다른 아이에게 맞는 공부법이라고 해서 우리 아이에게 잘 맞는 것도 아니고, 그것이 꼭 우리 아이 성장에 도움을 주는 것도 아니라는 것을 깨달았다고 하셨다.

주변에 있는 사람들의 이야기만을 듣고 따라 하다 보면 어느새 우리 아이는 없고, 다른 집 아이가 내 육아의 중심이 되어 있다. 물론 다른 사람의 말을 참고하거나 정보를 얻는 과정도 필요하다. 하지만 최종적으로 부모는 내 아이의 성장에 초점을 맞춰 목표를 설정해야 한다는 것을 잊어서는 안 된다. 그리고 그 목표를 기준으로 정하고 선택해야만 한다.

부모가 다른 사람들의 조언과 정보만을 듣고 따라 한다는 것은 낯선 곳에서 나침반 없이 가는 것과 같다. 결국, 내가 원하는 목적지에 도착하기가 어려워진다. 육아에 우리 아이가 중심이 되고 내가 원하는 목표를 설정했을 때 목적지에 도달할 수 있다. 언제나 육아는 다른 아이가 아닌 내 아이의 성장이 중심임을 잊지 말아야 한다.

아이를 '잘 키울' 생각보다 '커가는' 모습을 지켜보라

나와 남편은 초등학교 부부 교사다. 남편은 합천으로 첫 발령을 받았다. 그 당시 합천에는 승진하기 위해 오신 남자 선배 교사들이 많았다. 결혼 전 남편은 그 남자 선배 교사들에게 밥 먹는 자리, 술 먹는 자리, 어느 자리에서든 승진에 관한 이야기만 들었다. 2년의 세월이 흐른 뒤, 남편은 승진을 포기하고 나와 결혼하기 위해 마산으로 발령을 받아 왔다.

결혼 후, 남편은 수업과 관련된 대회에 나가기 시작했다. 그런 남편을 보면서 승진을 포기한 것이 아니라는 생각이 들었다. 단지 나와 결혼하기 위해 마산으로 온 것뿐이라는 것을 알았다. 지금은 사라졌지만, 교실수업 개선 학습지도 연구대회가 있었다. 남편이 교사수업 연구대회에 나가 등급을 받는 것을 보고 나도 나가고 싶다는 생각이 들었다. 그래서 남편의 도움을 받아 같이 대회에 나가게 되었다.

1차는 수업 지도안 쓰기를 통과해야 한다. 그래야 2차 수업 시연을 할 기회가 주어진다. 1차 수업 지도안 쓰기를 통과하기 위해 둘 다 열심히 지도안 쓰기 연습을 했다. 그 결과, 나와 남편 모두 수업 지도안 쓰기 1차를 통과했다. 2차는 수업 지도안 쓴 것을 바탕으로 심사위원 앞에서 다른 학교 아이들을 데리고 수업 시연을 하는 것이다. 2012년, 나는 스마트 패드 활용 수업을 시연했다. 그 당시 학교에 스마트 교육을 할 수 있는 시설과 장비가 갖추어져 있지 않았기 때문에 스마트 패드를 구하는 것부터 컴퓨터 소프트웨어를 활용해서 수업하는 것은 쉬운 일이 아니었다. 남편은 나의 수업을 돕는다고 정작 자신의 수업을 제대로 준비하지 못했다. 그래서 결국, 둘 다 가장 낮은 3등급을 받게 되었다.

그때 나는 '둘 다 같이 승진하려고 하면 죽도 밥도 안 되겠구나. 나보다 더 하고 싶은 욕망이 강한 남편을 밀어줘야겠구나' 하고 생각했다. 그리고 대회를 준비한다고 뒷전이 된 아이가 눈에 밟혔다. 그 후로 나는 남편이 승진에 전념할 수 있게 아이를 키우는 데 신경을 썼다. 그렇다고 내가 하고 싶은 꿈을 버린 건 아니었다. 그저 마음속 깊이 숨기고 있었을 뿐이다.

그 후, 나의 꿈은 아이들이 되었다. 어느 순간, 나의 삶의 의미를 아이에게서 찾고 있는 나를 보게 되었다. 모든 일의 1순위가 아이였다. 내가 점점 사라지고 있었다. 직장을 다녀오면 저녁 시간은 집안일을 하고 난 뒤 잘 때까지 아이와 보냈다. 그렇게 평일이 지나고 주말이 되면 평일에 못 해줬던 것을 만회라도 하듯이 체험을 하러 다녔다.

그리고 나는 틈틈이 아이들과 함께 도서관에 갔다. 도서관에 가서도 아이들은 자신이 좋아하는 책을 고르고 읽기 바빴지만, 정작 나는 책을 반납하고 아이들이 재미있게 읽을 만한 책을 고른다고 막상 내 책을 읽을 시간이 없었다. 그리고 내가 책을 읽을라치면 둘째가 집에 가자고 조르는 통에 책만 빌려올 뿐이었다. 그렇게 나의 시간을 모두 아이들에게 썼다.

아이들이 초등학생이 되었을 때, 도서관 카드를 만들어 자신이 빌린 책은 스스로 반납하고, 읽고 싶은 책도 자신이 빌리도록 가르쳐주었다. 그 후, 나에게도 책 읽는 시간이 주어졌다. 책 읽는 시간은 오직 나를 위한 시간이 되었다. 나는 너무나 행복했다. 그런 내 모습을 보면서 남편이 "책은 많이 읽었으니, 이제 책을 한번 써보면 어때?" 하고 제안했다.

그러던 어느 날, 우리 옆 반 선생님께서 뜬금없이 "부장님, 책 한번 써보세요. 제게 제일 먼저 사인해주시고요"라고 말하는 것이었다. 사실 그때 나 또한 책을 써서 육아 때문에 고민하는 부모들에게 경험과 깨달음, 해결책을 나누어주고, 위로하고 싶다는 생각이 있었다. 그리고 어떻게 하면 보다 많은 사람에게 그것들을 전달해줄 수 있을까? 고민하고 있었다. 그 순간 깨닫게 되었다. '책을 써서 작가가 되면 사람들에게 나의 가치를 인정받고, 사람들 앞에 설 기회가 주어지겠구나'라고 말이다. 그래서 나는 내 꿈을 이루기 위해 책을 쓰기로 마음먹었다.

내가 책을 쓰고 있는 모습을 본 둘째는 자신도 책을 쓰고 싶다고 했다. 그래서 둘째는 창작 동화 공책을 만들어 글을 쓰기 시작했다. 그리고 자신도 엄마처럼 책을 출판하고 싶다고 했다. 그런 둘째를 보면서 내가 꿈을 찾아 부단히 노력하는 모습을 보여주면 아이들도 자신의 꿈을 찾아 스스로 자란다는 것을 알게 되었다.

어느 날은 학교에서 돌아온 둘째가 말했다.

"엄마, 나 학교에서 책 쓰기 동아리 만들었어요. 내가 친한 친구 3명과 책을 만들기로 했어요. 저랑 한 친구는 글을 쓰고, 다른 두 친구는 그림을 그리기로 했어요."

그날 이후, 나의 휴대 전화 메시지에는 둘째의 책 쓰기 이야기로 가득 찼다. 그리고 서로 쓴 글을 올리고 그 글에 맞게 캐릭터를 그려서 공유하는 아이들을 보면서 많은 생각을 하게 되었다. 내가 아이를 잘 키우려고 노력하지 않아도 내가 보여주는 만큼 아이들은 잘 커간다는 사실을 말이다.

2월이 되면 선생님들은 3월 새 학기 맞이 준비로 바쁘다. 봄방학이라 학생들은 등교하지 않는다. 그래서 봄방학 기간 나와 남편은 출근하지만, 아이들은 집에 있다. 오전에는 아이들 스스로 일정을 짜서 자신이 할 일을 한다. 그리고 점심은 둘이서 차려 먹는다. 나는 점심시간에 선생님들과 밖에서 식사를 하게 되었다. 점심을 먹고 있는 중간에 다른 선생님들 아이에게서 전화가 왔다. 학원 시간부터 숙제까지 일일이 엄마에게 물어보았다. 나도 휴대 전화를 쳐다보았다. '왜 우리 집 아이들은 전화가 안 오지? 다른 집 아이들은 전화가 저렇게 자주 오는데…'라고 생각하며 마저 점심을 먹었다.

식사하고 돌아오는 길에 집으로 전화했다. 점심은 먹었냐고 하니 둘이서 맛있게 만들어 먹었다며 알아서 잘한다고 나보고 걱정하지 말라고 했다. '벌써 내 손이 필요가 없나?'라는 서운한 마음도 들었지만 스스로 알아서 하는 아이들이 대견스러웠다.

나는 내가 무언가를 해줘야 아이들이 잘 큰다고 생각했다. 무언가를 해주는 것이 아이들을 위하는 것이 아니라, 스스로 무언가 할 수 있도록 기회를 주고 기다리는 것이 아이를 위하는 것임을 알았다. 그렇게 아이들의 커가는 모습을 보면서 내가 할 수 있는 것은 감사하다는 말, 사랑한다는 말밖에 없었다. 그렇게 1년을 잘 살아준 아이들에게 12월이면 나는 항상 이야기한다. 너희가 해야 할 일을 스스로 하고, 친구들과 사이좋게 지내고, 자신의 목표를 향해 꾸준히 노력해줘서 엄마는 정말 고맙다고. 엄마의 아들딸로 태어나줘서 감사하다고 말하며 아이들을 꼭 안아준다.

아이들의 커가는 모습만 지켜보면 잔소리할 일도 언성을 높일

일도 없다. 그러나 내가 잘 키우려고 욕심을 부리기 시작하면 잔소리가 늘어나고 언성이 높아진다. 그리고 나처럼 직장에 다니는 엄마일 경우 시간에 쫓겨 여유가 없으면 아이들을 더 채근할 수밖에 없다. 아이들은 가만히 놓아두면 더 잘 큰다.

부모들이 맞벌이하는 경우 조부모가 아이를 양육하는 경우가 많다. 주 양육자가 부모가 아니라 조부모일 경우 아이들의 공통적인 특징이 있다. 스스로 하는 힘이 부족하다는 것이다. 나도 우리 첫째를 시어머니가 3년 정도 키워주셨다. 가끔 중학생이 된 첫째에게 밥을 떠먹여 주시는 모습을 볼 때가 있다. 시어머니께 그러지 마시라고 말씀드리면 언제 이렇게 해보겠냐며 첫째 입에 밥을 쏙쏙 넣어주신다. 그러면서 시어머니가 애 셋 키울 때는 너무 바빠서 애들에게 잘해주지 못했다고, 손자한테라도 이렇게 해주고 싶다고 하셨다.

첫째는 어렸을 때 밥을 잘 먹지 않았다. 시어머니는 그 모습이 안쓰러워 보였는지 아이를 따라다니면서 밥을 떠먹였다. 아파트 계단에서도 따라다니면서 밥을 먹이는 것으로 소문이 났을 정도였다. 하지만 나는 아무 말도 할 수 없었다. 시어머니가 아이를 키워주시는 것만으로 너무나 감사했기 때문이다.

둘째를 낳고 육아휴직을 하면서 첫째를 우리 집으로 데리고 왔다. 나는 첫째에게 스스로 하는 기회를 주기 위해 부단히 노력했다. 무엇을 해줄까 하는 생각보다는 무엇을 해주지 않을까에 집중했다. 그리고 첫째 스스로 작은 성공 경험을 쌓을 수 있게 해주었다. 그런 첫째는 자존감이 강하고 적극적인 아이로 자랐다. 그리고 시어머니의 무한한 사랑이 따뜻한 아이로 자라게 했다.

내가 아이를 잘 키우고 싶다고 생각했을 때는 나라는 존재를 스스로 인식하지 못했다. 늘 두 아이의 엄마로 생각하고 살았다. 그런데 아이의 커가는 모습을 지켜보면서 나라는 존재를 스스로 인식하게 되었다. 그래서 나를 찾아가는 시간을 가져야겠다는 생각을 하게 되었다. 게다가 내가 마음속 깊이 넣어두었던 꿈도 꿀 수 있게 되었다. 내가 꿈을 이루기 위해 목표를 세우고 노력하는 모습을 보여줄수록 아이들도 자신만의 꿈을 꾸고 도전하는 용기를 가지게 되었다. 아이를 '잘 키울' 생각보다 '커가는' 모습을 지켜본다면 아이에게 꿈을 향해 나아갈 기회가 주어진다. 부모와 아이 모두 그 기회를 움켜쥐기를 바란다.

육아는 아이에 대한 절대적인 믿음이 필수다

지금도 나의 기억 속에는 나를 믿어주시는 아버지가 있다. 퇴근 후 아버지는 항상 우리와 놀아주셨다. 크고 나서 집에 있는 앨범을 아버지와 같이 본 적이 있다. 그 앨범 속에는 우리 가족이 함께 찍은 사진들로 가득 차 있었다. 그리고 유독 나의 독사진이 많았다.

아버지는 남동생이 있었지만 유독 나를 많이 이뻐하셨다. 그래서 앨범 속 사진을 보여주면서 어렸을 때 나의 이야기를 많이 해주셨다. 내가 초등학교에 입학하기 전, 뚜렷하게 기억 나는 추억은 거의 없다. 다만 아버지가 사진을 보여주면서 하신 이야기들이 나의 어렸을 때 추억으로 남아 있을 뿐이다. 사진을 보면서 아버지가 들려주시는 이야기를 들으면 나도 모르게 입가에 웃음이 지어진다. 아버지의 사랑이 느껴지기 때문이다.

아버지가 자주 해주시던 이야기 중 하나가 아버지 회사의 직원 여행 때 나를 데리고 갔던 일이다. 이때 얼마나 이뻤는지 모른다면서, 지금도 자신의 눈에 넣어도 아프지 않은 이쁜 딸이라고 하셨다. 그리고 항상 사랑한다는 말을 자주 해주셨다.

대학 수능을 치고 난 후 사전 채점을 했을 때, 나는 내 실력보다 수능 점수가 잘 나오지 않았다. 수능 성적표가 나오던 날, 사전 채점 점수보다 수능 점수가 더 낮게 나왔다. 나는 성적표를 보고 스스로에게 실망을 많이 했다. 게다가 나는 어렸을 때부터 공부를 줄곧 잘해왔었기 때문에 부모님의 기대가 남달랐다. 그래서 성적표가 나왔을 때, 부모님께 보여드릴 엄두가 나지 않았다.

수능 성적표를 부모님께 보여드린 날, 엄마는 "너를 포기했다. 이제 너 인생 알아서 해라"고 하시면 등을 돌리셨다. 하지만 아버지는 아무 말도 하시지 않고 나를 꼭 안아주셨다.

나는 수능 점수에 맞춰 대학에 들어갔다. 내가 생각했던 것보다 대학 생활은 즐거웠다. 그리고 친구도 많이 사귀고, 다양한 경험을 할 수 있어 좋았다. 그런데 한 학기가 끝날 때쯤, 나는 진로에 대해 고민하기 시작했다. 과연 나의 꿈은 무엇일까? 그때 선생님이 되고 싶었던 내가 생각났다. 수능 칠 때 나는 교대에 가고 싶었다. 아이들과 노는 것도 재미있었고, 누군가를 가르치는 것도 적성에 잘 맞았다. 하지만 부모님께 다시 수능을 보겠다고 말할 엄두가 나지 않았다. "너를 포기했다. 이제 너 인생 알아서 해"라고 했던 엄마의 말씀이 가슴 한구석에 자리 잡고 있었기 때문이다. 이런 고민을 하고 있던 어느 날, 아버지가 전화하셔서 말씀하셨다.

"딸아, 나는 네가 너무 아깝다. 아버지는 여전히 너를 믿고, 너는 앞으로 더 나아갈 수 있는 능력이 있는 아이다. 아버지가 금전적인 부분은 마련해놓았으니 수능을 다시 쳐보는 게 어떻겠니?"라고 말씀하셨다.

나는 내 귀를 의심했다. 나와 같은 생각을 하는 아버지의 이야기를 들으며 '우리 아버지는 나를 끝까지 믿어주시는구나'라는 생각이 들었다. 나는 그 아버지의 믿음에 보답하고 싶었다. 그리고 나의 꿈을 이루기 위해 정말 열심히 공부했다. 그렇게 나는 교대에 들어가 선생님이 되었다.

내 생에 기적 같은 한순간을 뽑으라고 한다면 우리 아버지가 나를 절대적으로 믿어준다는 것을 알게 된 순간이다. 지금 또 내가 새로운 도전을 할 수 있는 것은 우리 아버지의 믿음이 내 마음속 깊이 새겨져 있기 때문이 아닐까?

2013년에 태어난 아이들은 오롯이 코로나 시대를 겪었다. 이 아이들이 입학할 때 코로나가 확산되는 심각 단계였다. 그래서 입학식도 제대로 하지 못했다. 학교 가는 횟수가 줄고 단축 수업이 이루어지면서 초등학교 1, 2학년 때 배워야 할 기본 생활습관 형성과 기초 기본 교육을 제대로 받지 못했다.

그런 아이들이 3학년이 되었고 나는 담임을 맡게 되었다. 수업 첫날, 수업 시간임에도 불구하고 몇 명의 아이를 제외한 나머지 아이들이 교실을 돌아다녔다. 1학년 때 배워야 할 바르게 앉는 자세, 책상 서랍 정리하는 법, 수업 활동 시 지켜야 할 규칙들이 습관이 되어 있지 않았다. 게다가 수업 시간을 지키지도 않고, 친구의 이야기에 경청할 줄도 몰랐다.

코로나로 인해 아이들이 기본 생활습관을 형성하는 기회를 놓쳤다는 생각이 들었다. 하지만 기본 생활습관이야 한 달 동안 가르쳐 주고 연습하면 금방 할 수 있으니 그리 크게 걱정은 되지 않았다. 문제는 "저는 못해요. 안 할래요"라고 말하는 아이들이 많았다는 것이다. 담임을 하다 보면 자존감이 낮아 시도조차 해보지 않으려는 아이들을 한두 명씩은 만난다. 하지만 자신이 스스로 못한다고 생각하고 처음부터 포기하는 아이들이 너무 많았다.

이 아이들과 지내면서 가장 많이 했던 말이 "포기는 배추 셀 때 쓰는 것이다. 선생님과 함께하는 이상 포기는 없다. 그리고 너희는 무한한 존재며 나는 너희가 할 수 있다고 믿는다"였다.

그리고 활동을 할 때마다 일일이 한 명씩 칭찬해주었다. 그리고 나는 칭찬할 거리를 찾기 위해 아이들을 관찰했다. 아이들을 관찰하다 보면 누구든 칭찬할 것들이 있다. 비록 친구를 때리고 욕을 하는 아이들도 칭찬할 것들은 많다. 어느 면에 초점을 맞추고 보느냐에 따라 아이는 달라진다. 그 시선을 바꾸는 것이 가장 중요하다.

어느 순간, 아이들은 어떤 활동이든지 자신감을 가지고 스스로 끝까지 완성하기 시작했다.

나는 6학년과 연극을 하면서 자신감을 얻는 아이들을 많이 보았다. 그리고 수업에서 볼 수 없었던 아이들의 끼를 볼 좋은 기회였다. 그래서 자신감이 부족한 3학년 아이들과 연극 동아리를 운영하면 좋겠다는 생각이 들었다. 1학기부터 우리 반 아이들과 연극 동아리를 운영했다. 마침 2학기 때 학급 학예 발표회도 있었기에 우리 반은 발표회 날 공연을 목표로 1학기부터 일주일에 2시간씩 꾸준히 연극 연습을 했다. 아이들 스스로 연습하고, 자신의 끼를 발산하고 공연함으로써 자신감을 얻게 하는 것이 목적이었다. 그리고 나는 아이들이 잘할 수 있을 거라고 믿고 "너희는 뭐든지 할 수 있다"고 매일 외쳤다. 그리고 어제보다 더 성장한 아이들에게 무한 칭찬을 해주었다. 아이들은 점점 자신감을 얻기 시작했고, 눈감고도 연극을 할 수 있게 되었다.

공연 당일, 아이들은 긴장하는 모습이 없었다. 도리어 내가 더 긴장되었다. 교실에는 카메라로 촬영하는 선생님, 교장 선생님, 교감 선생님이 오셔서 공연을 보셨다. 그리고 찍은 영상은 학부모님께 게시해서 보여주기로 계획되어 있었다. 아이들은 자신감이 넘쳤고 3학년이라고 할 수 없을 만큼 연극을 잘 소화했다. 공연을 보신 선생님께서도 우리 반 아이들과 체육 수업을 하셨는데 아이들의 새로운 모습을 보고 깜짝 놀랐다며 어떻게 3학년이 이렇게 연극을 잘

할 수 있냐며 아이들에게 무한 칭찬을 해주셨다. 그리고 교장 선생님께서도 엄지손가락을 치켜세우시면서 격려해주셨다. 아이들의 환호와 함께 연극은 끝이 났다.

연극이 끝나고 나서 아이들과 소감 발표를 했다. 항상 자신감이 없고 수업 시간에 집중하는 것을 어려워했던 이한이가 손을 들어 발표했다.

"선생님, 처음에 연극을 할 때 어렵고 쑥스러웠어요. 그런데 연습을 계속하다 보니 자신감이 생기고 잘할 수 있다는 생각이 들었어요. 연극을 통해 제가 잘할 수 있다는 생각을 하게 해주셔서 감사합니다."

나는 그 말을 들으면서 또 한 번 확신했다. 내가 믿는 만큼 아이는 성장하는구나 하고 말이다. 그리고 아이를 성장하게 하는 또 하나의 힘은 칭찬밖에 없다는 것도 다시 한 번 깨달았다. 아이를 변화시키는 것은 잘못된 행동을 가르쳐주는 훈육이 아니라, 칭찬이 먼저다. 그리고 칭찬만이 아이를 변화시키는 답이다. 18년 동안 아이를 가르치면서 내가 깨달은 것이다.

아이에 대한 믿음은 아이를 성장하게 하는 밑거름이 된다. 그리고 그 믿음은 절대적이어야 한다. 어떠한 말에도 흔들림이 없이 확고해야 한다. 그리고 아이에 대한 자신의 믿음이 한 치의 의심도 없어야 한다. 아이들은 다 안다. 부모가 자신을 믿고 있는지, 흔들리고 있는지 말이다. "나는 너를 믿는다"는 말만으로는 부족하다. 말뿐만 아니라 온몸으로 믿음이 느껴지도록 해야 한다. 우리가 신을 믿듯이 아이를 믿어야 한다. 내 아이가 되고자 하는 모습을 상상하며 절대적인 믿음이 수반될 때 비로소 아이도 그 모습을 발현할 수 있다. 오늘부터 나의 절대적인 믿음으로 내가 원하는 아이의 모습을 상상하자.

세상 최고의 선생님은 엄마다

방과 후 학부모께서 전화가 왔다.

"선생님, 우리 아이가 다른 아이한테 맞았다고 하네요. 도대체 학교에서 교육을 제대로 하는 겁니까? 다음 번에 이런 일이 또 일어나면 저 가만히 안 있을 겁니다. 그리고 상대방 부모에게 꼭 사과받고 싶습니다. 또 이런 일이 우리 아이에게 일어날까 무섭네요."

방과 후에 일어난 일이라 나는 전혀 모르는 상황이었다. 어머니가 전후 상황 없이 이야기하셔서 듣고만 있었다. 어머니의 이야기를 다 듣고 때린 아이가 누구인지 물어보았다. 전화를 끊고 상대방 아이의 어머니에게 전화했다. 그리고 전화로 아이의 이야기를 들어보았다.

이야기를 들어보니, 방과 후 교실을 가다가 그 아이와 살짝 부딪혔다고 했다. 그런데 그 아이가 욕을 하면서 자신을 먼저 때렸다고 했다. 자신도 너무 화가 나서 그 아이를 때렸다는 것이다. 나는 이야기해줘서 고맙다고 말하고 전화를 끊었다.

엄마가 아이 이야기만 듣고 화가 나서 전화하는 경우 나는 당황스럽다. 아이에게 일이 생겼을 때 상황을 물어보고 궁금한 부분이 있거나 선생님이 알아야 할 내용이면 당연히 전화하는 것이 맞다. 그리고 나도 수업 후 상담이 필요하면 언제든지 전화하시라고 말씀드린다. 문제는 엄마가 화가 난 상태로 전화해서 스스로 감정을 주체하지 못한다는 것이다. 그런 엄마와 통화하다 보면 아이가 엄마 옆에 있는 경우가 많다. 그 모습을 보고 있는 아이는 어떤 생각을 할까? '엄마에게 이르면 모든 것이 해결되는구나. 그리고 무조건 전화해서 화를 내면 되는구나' 하는 것을 배우지 않을까?

가정은 아이의 첫 번째 교육 장소자 가장 중요한 교육 장소다. 그리고 부모는 아이에게 가장 깊은 영향을 주는 첫 번째 선생님이다. 가정 교육이 제대로 안 되면 학교 교육이 효과를 발휘하지 못한다. 이런 의미에서 생각할 때 부모의 중요성이 선생님보다 훨씬 크다. 아이에게 가장 큰 영향을 끼치는 것은 부모다. 하지만 부모는 학교에서 일이 생기면 모두 학교 탓, 다른 아이 탓을 한다.

아이가 학교에 입학할 때 물론 부모는 걱정이 많다. 학교에 적응을 잘하는지, 친구와 잘 노는지, 수업은 집중해서 잘 듣는지 말이다. 보통 정서적으로 안정적인 아이들은 학교에 적응도 잘하고 친구들과도 잘 지낸다. 반면에 정서적으로 불안한 아이들은 학교에 적응하는 것도 힘들어하고, 친구들과 갈등도 많이 겪는다. 그런 정서적으로 불안한 아이 뒤에는 정서적으로 불안한 부모가 있는 경우가 많다. 하지만 아이들이 학교에 가기 싫다고 하면 부모는 학교에서 이유를 찾지 가정에서 이유를 찾지 않는다.

저녁 식사 중 지인에게서 전화가 왔다. 초등학교 1학년 자녀를 둔 지인은 아이가 친구에게 맞았다고 하는데 선생님에게 바로 전화하는 것이 맞냐고 물어봤다. 그래서 아이에게 상황을 물어봤냐고 하니 상황은 물어보지 않고 맞았다는 소리만 들었다고 했다. 초등학교 1학년은 발달 단계상 자기중심적이기 때문에 상대방의 상황을 고려하지 않고 자신의 위주로 이야기한다. 그래서 아이에게 상황을 물어보고 궁금한 점이 있으면 선생님께 전화해보는 것이 좋을 듯하다고 말했다. 그러고 일주일이 지나 지인을 만났다. 그 일은 어떻게 되었냐고 물어보니 그날 아이에게 무슨 일이 있었냐고 다시 물어봤다고 한다. 아이가 자신이 먼저 놀려서 친구가 때렸다고 말했다고 했다. 바로 선생님께 전화했으면 곤란한 상황이 될 뻔했다며 고맙다고 했다.

아이들은 갈등이 생기면 자신이 억울하다고 나에게 하소연한다. 그런데 상대방 친구와 이야기하다 보면 오해하거나 쌍방과실인 경우가 대부분이다. 손바닥도 마주쳐야 소리가 나듯이 일방적인 경우는 극히 드물다. 학교에서 아이가 싸우거나 때려서 선생님에게 전화가 온다면 부모의 양육 태도를 점검해봐야 한다.

아이에게 절대적인 영향을 주는 것은 부모다. 선생님은 비타민 같은 존재다. 없어서는 안 되지만 그 영향력이 그리 크지는 않다는 말이다. 학교에서 선생님이 사랑으로 아이를 지도하고 가르쳐도 부모가 변하지 않고 그대로면 아이는 변화하기 어렵다. 하지만 부모의 양육 태도가 긍정적으로 변화하고 학교에서 선생님이 같이 돕는다면 아이는 생각보다 빨리 긍정적으로 변한다.

예전에 방송 프로그램 중에 〈우리 아이가 달라졌어요〉라는 프로그램이 있었다. 소리를 지르고 떼쓰는 고집불통 아이들도 2~3주면 달라진 모습을 볼 수 있었다. 아이가 전문가의 도움을 받아 변화하기보다는 부모가 전문가의 도움을 받아 변했기 때문에 아이도 변할 수 있는 기회가 주어진 것이다. 부모가 변하면 아이는 무조건 변한다. 내 아이가 변하기를 원한다면 당장 부모부터 변해야 한다. 스스로 변하기가 어렵다면 전문가를 찾아가서 조언을 구하자.

둘째의 다섯 살 생일날이었다. 어린이집 선생님에게서 문자 한 통이 왔다. 어머니 오늘 8월이 생일인 친구들 생일잔치를 했어요. 생일잔치를 하면서 친구들에게 커서 뭐가 되고 싶냐고 물어봤는데, 아이가 "저는 커서 우리 엄마처럼 말을 이쁘게 하고 똑똑하고 예쁜 엄마가 되고 싶어요"라고 말했다는 것이다. 선생님이 듣고 감동해서 나에게 연락하셨다고 했다. 나는 그날을 잊을 수가 없다. 아이를 볼 때마다 한동안 그 말이 떠올라 감동이 물밀듯이 밀려왔다.

2학년 담임을 맡을 때의 일이다. 우리 학교에서는 해마다 학교 문집이 발간된다. 한 해 전에 어떤 내용으로 문집이 발간되었는지 참고하려고 보았다. 지금 2학년 아이들이 1학년이었을 때다. 한 살 차이인데 더 어리고 앳되어 보였다. 그때 아이들의 장래희망이 적혀 있었는데 여학생 대부분이 '엄마'라고 적었다. 그때 나는 '아이들이 어릴수록 엄마가 아이에게 절대적인 존재구나. 그래서 엄마의 모습이 아이 눈에도 좋아 보이면 닮고 싶고, 엄마처럼 크고 싶어 하는구나' 하고 알게 되었다. 아이에게 절대적인 영향을 주는 것이 엄마임을 다시 한 번 깨닫게 되었다.

결국, 엄마가 긍정적인 말과 행동을 하면 아이도 긍정적인 말과 행동을 한다. 반대로 엄마가 부정적인 말과 행동을 하면 아이도 부정적인 말과 행동을 한다. 그래서 아이에게 최고의 선생님은 엄마일 수밖에 없다. 엄마는 아이가 세상에서 가장 사랑하고 본받고 싶은 존재라는 것을 잊지 말기를 바란다.

여자아이를 둔 엄마는 아이의 교우 관계에 대해 걱정을 많이 한다. 그런 엄마들이 자주 하는 질문 중 하나는 "오늘은 누구랑 뭐 하고 놀았어?"다. 이때 아이가 "혼자 놀았어"라고 말하면 그때부터 걱정이 시작된다.

출근 중에 민주 어머니에게서 전화가 왔다. 민주가 친구들과 잘 못 어울리는 것 같아 걱정된다고 하셨다. 내가 평소에 민주를 관찰했을 때 다른 아이들보다 정신 연령이 높고, 친구들에게 말을 직선적으로 하는 경향이 있었다. 그래서 친구들이 민주가 무섭다고 했다.

그날 1교시, 친구와 잘 지내는 방법에 관해 이야기해보았다. '친구를 때리지 않는다', '욕하지 않는다', '친구에게 같이 놀자고 한다', '친구에게 칭찬해준다', '혼자 놀고 있으면 말을 걸어준다' 등 다양한 의견이 나왔다. 그중 한 명이 말했다.

"선생님, 같이 놀자고 말하지 않으면 같이 놀고 싶은지 몰라요. 저는 같이 놀고 싶으면 같이 놀자고 말했으면 좋겠어요. 그리고 친구가 거절하더라도 또 다른 친구에게 말할 수 있는 용기가 있었으면 좋겠어요."

그래서 아이들과 같이 놀자고 말하는 연습을 해보았다. 같이 놀자고 말을 하는 아이들의 얼굴에 웃음꽃이 피어나고 있었다. 그 수업을 마치고 민주 어머니에게서 문자가 왔다. 아침에 아이의 이야기만 듣고 걱정이 되어서 성급하게 연락을 드린 것 같다며, 민주가 학교에서 친구와 잘 지내는 법을 스스로 깨달을 때까지 조금 더 기다려보겠다고 하셨다. 그 후 민주는 먼저 친구에게 같이 놀자고 이야기도 하고, 친구들과 사이좋게 지냈다. 어머니께서 아이를 믿고 기다리신 덕분에 민주는 1년 동안 학교생활을 즐겁게 할 수 있었다.

아이가 부모의 의지대로 되지 않으면 아이에게 사춘기가 온 것 같다고 말하는 엄마들이 있다. 1, 2학년 때는 엄마가 강압적으로 대하면 아이들은 엄마가 무서워서 말을 잘 듣는다. 하지만 3학년이 되면 타인을 인식하고, 사회성이 자란다. 아이들은 엄마의 강압적인 태도가 잘못되었다는 것을 알게 된다. 하지만 엄마들은 좋은 모습이든 싫은 모습이든 모든 것을 엄마가 가르쳤다는 것을 잘 모른다. 결국, 엄마가 아이를 대했던 방식 그대로 아이가 답습하는 것이다. 3, 4학년 아이가 사춘기가 왔다고 느낀다면 지금까지 엄마가 아이를 대해온 태도를 되돌아봐야 한다. 세상 최고의 선생님은 엄마라는 것을 잊지 말기를 바란다.

가장 중요한 것,
아이를 충분히 사랑하는 것

"선생님, 저 다리 아파요."

매일 아침 윤희는 아프다는 말을 하며 나에게 온다. 나는 많이 아프냐고 물으며 윤희의 아픈 곳을 어루만져준다. 그러면 윤희는 만족스럽다는 듯이 자신의 자리로 들어가서 앉는다. 앞자리에 앉은 윤희는 아침 활동 시간, 수업 시간, 쉬는 시간 할 것 없이 나에게 계속 자신이 힘들다는 이야기를 했다. 수업 시간 중에도 수업과 관련 없는 자신의 개인적인 이야기를 하는 윤희에게 이렇게 말했다.

"윤희야, 지금은 수업 시간이니 조금 기다렸다가 쉬는 시간에 선생님에게 말해줄래?"

쉬는 시간이 되었다. 윤희는 나에게 와서 어제 있었던 일들을 이야기해주었다. 윤희의 이야기를 들으면서 '윤희가 사랑이 많이 필요하구나'라는 생각이 들었다.

점심시간이었다. 윤희가 마스크를 벗고 자신의 얼굴을 아이들에게 보여주고 있었다. 그런 윤희를 보니 입술이 빨갰다. 윤희에게 점심을 먹고 교실에 와서 이야기를 잠시 나누자고 했다. 나보다 먼저 올라온 윤희는 친구의 입술에 화장품을 발라주고 있었다. 2학년에서 올라온 지 한 달도 채 되지 않은 아이가 학교에 화장품을 가지고 와서 바르는 것을 보고 내심 놀랐다. 놀라는 나 자신을 보고 내가 꽉 막혀 있는 건 아닌가 하는 생각도 들었다.

요즘은 부모마다 초등학생의 화장품 사용에 관한 생각이 다르다. 10년 전만 해도 부모들은 초등학생이 화장품을 사는 것조차 반대했다. 하지만 지금은 부모님이 직접 초등학생 아이에게 화장품을 사준다. 옆 반 선생님께서는 수업 시간에도 화장품을 사용하는 아이들 때문에 화장품 사용을 강제적으로 금지했다. 그런데 부모님이 왜 내가 내 돈 주고 사줬는데 선생님이 화장품을 못 쓰게 하냐면서 우리 아이를 그냥 놓아두라고 하신 일이 있었다. 그래서 나는 윤희 부모님의 의견을 여쭈어보기로 했다. 학교에서 있었던 일과 내가 지도할 방향에 대해 말씀드렸다. 그리고 다른 의견이 있으시면 연락을 부탁드린다고 했다. 퇴근 후, 윤희의 어머니에게서 연락이 왔다. 자신이 아이에게 화장품을 사주었으니 학교에 들고 가도 되지 않느냐고 하셨다. 그리고 자신이 허락해서 사줬는데 학교에서 사용하지 못할 거라면 사줄 필요가 없지 않냐고도 하셨다.

어머니를 제외한 다른 부모님들은 학교에서 화장품을 사용하지 않았으면 좋겠다고 하셨고, 여러 명을 지도해야 하는 저의 입장을 조금 이해해달라고 말씀드렸다. 그러자 윤희 어머니는 학교에 화장품을 들고는 가되 사용은 하지 않도록 하겠다고 말씀하셨다. "만약 아이가 꺼내서 사용하면 어떻게 할까요?"라고 여쭤보니 그럼 그때 학교에 안 들고 가게 하겠다고 하셨다. 그래서 알겠다고 말씀드리고 전화를 끊었다.

다음 날, 나는 윤희와 이야기를 나누었다. 윤희는 "선생님, 그럼 집에서 화장품을 바르고 오는 것은 괜찮아요?"라고 물었다. 그래서 그건 괜찮다고 하니 자신도 규칙을 잘 지키겠다고 하며 자리로 들어갔다.

하교 후, 윤희 어머니와 통화했다. 윤희와 이야기한 내용을 말씀드렸다. 어머니께서는 자신이 생계를 이어가야 해서 어쩔 수 없이 윤희 혼자 온종일 집에 있다고 하셨다. 하루 중 아이 얼굴 보는 시간이 10분이라고 하시며 한숨을 쉬셨다. 아이를 혼자 두는 것이 미안해서 아이가 원하는 것은 대부분 다 사준다고 하셨다. 그래서 화장품도 사주게 된 것이라고 말이다. 나는 어머니께 말씀드렸다.

"어머니, 그 10분 동안 윤희 이야기를 잘 들어주시고, 사랑한다고 말해주세요. 그리고 꼭 안아주세요. 온종일 부모와 같이 있다고 아이들이 사랑을 느끼는 건 아니에요. 짧은 시간이라도 그 시간 동안 아이가 충분한 사랑을 받았다고 느끼는 것이 중요해요."

어머니는 꼭 그렇게 하겠다고 말씀하시면서 전화를 끊으셨다. 나도 윤희의 상황을 알게 되니 진심으로 윤희의 이야기를 듣고 공감해주게 되었다. 그리고 윤희가 아프다고 말하는 것은 "나에게 관심 좀 가져주세요"라는 말처럼 들렸다. 그래서 윤희가 말하기 전에 물어봐주고 아픈 곳이 있으면 어루만져줬다. 하루하루 윤희의 표정이 밝아지는 것이 느껴졌다.

윤희는 항상 수업 시간에 적극적으로 발표를 했다. 국어 시간에 윤희가 발표를 멋지게 해서 칭찬해주었다. 그날 윤희는 친구들 앞에서 이렇게 말했다.

"선생님, 저는 선생님과 수업하는 게 제일 좋아요. 4학년 때도 선생님과 같은 반이 되었으면 좋겠어요."

아이들은 귀신같이 안다. 상대방이 자신을 어떻게 생각하는지 말이다.

"선생님, 배가 아파요."

우리 수연이의 하루는 보건실에 가는 것으로 시작한다. 수연이는 학교에 오면 배가 자주 아팠다. 수연이는 수업 시간에 집중하지 못했다. 그리고 항상 다른 사람의 시선을 의식했다. 점심시간이었다. 수연이가 책상에 엎드려 울고 있었다.

"수연아, 무슨 일이야?"

수연이는 말없이 울기만 했다. 나는 옆에서 수연이가 울음을 그칠 때까지 기다렸다. 한참 울고 난 수연이는 나를 쳐다보았다. 연구실에 가서 수연이와 이야기를 나누었다. 수연이는 모든 친구가 자신을 좋아했으면 좋겠다고 했다. 그리고 자기 자리에 친구들이 몰려와서 같이 놀자고 말했으면 좋겠다며 훌쩍거렸다. 수연이는 친구들에게 짜증을 자주 냈다. 그래서 친구들이 수연이와 놀고 싶은데 짜증을 내니 힘들다고 했다. 수연이에게는 태어난 지 얼마 안 된 동생이 있었다. 어머니가 동생만 이뻐하시고 자신은 쳐다보지도 않는다고 했다. 엄마가 자신도 동생처럼 사랑해줬으면 좋겠다고 했다. 수연이에게 필요한 것은 엄마의 충분한 사랑이었다.

2학년 담임을 맡을 때였다. 우리 반에 도현이가 전학을 왔다. 전학 온 첫날부터 여러 아이와 싸우기 시작했다. 친구가 자신을 건드렸다고 싸우고, 자기 책상에 친구 물건이 넘어왔다고 싸우고, 자신을 쳐다본다고 싸웠다. 그리고 항상 화가 나 씩씩거리며 다녔다. 도현이는 친구를 때려서 잘못했을 때, 상황을 물어보지 않고 때린 행위가 잘못되었다고 말하면 그때부터 얼굴이 붉으락푸르락하면서 억울해하기 시작했다. 그래서 그 아이의 행위가 아니라 이유에 초점을 맞추어 물어보기 시작했다. 하루는 현장체험학습 승인 건으로 도윤이의 어머니와 통화를 하게 되었다.

"선생님, 제가 남편과 이혼을 했어요. 그래서 이리로 전학을 오게 되었어요. 이혼하는 과정에서 아이들에게 보여서는 안 되는 모습을 자주 보였어요. 제 마음이 너무 힘들어서 아이의 마음을 돌볼 수가 없었어요."

도현이는 운동을 잘했다. 그래서 방과 후 도현이와 운동을 하며 같이 놀았다. 그리고 같이 운동을 하면서 도윤이가 하는 행동을 관찰했다. 힘으로 모든 것을 해결하려는 모습이 자주 보였다. 도윤이의 힘을 인정해준 다음 잘하는 것을 칭찬해주었다. 그리고 도현이에게 가르쳐줘야 할 것들을 하나씩 가르쳐주었다. 그러자 도현이는 활발하고 씩씩한 아이로 변해갔다. 2학년이 끝나는 날이었다. 도현이가 나에게 편지를 써주었다. 삐뚤빼뚤한 글씨로 이렇게 적혀 있었다.

"선생님, 나를 이렇게 만들어놓고 어디 가세요. 선생님 따라 우주까지 갈 거예요…."

사랑은 언제나 응답이 온다. 단지 버퍼링의 시간이 걸릴 뿐이다.

나는 창의적 체험활동 시간이나 점심시간에 아이들과 놀이 활동을 한다. 아이들과 놀이 활동을 같이하면 서로 공감대가 형성되고, 아이들도 마음의 문을 쉽게 연다. 그리고 친구와 어울리는 것을 어려워하는 아이들도 내가 같이 놀이 활동을 함으로써 참여하게 되고, 그 과정에서 아이들과 어울리는 법을 배우게 된다. 그러면 저절로 학교생활에 안정감을 느끼고 학교 오는 것을 좋아하게 된다. 이렇게 아이들과 함께 놀면서 시간을 보내면 어느 순간 아이들은 나를 따라다닌다. 그 모습을 본 선생님께서 나에게 피리 부는 사나이가 아니냐고 하시면서 웃으셨다. 어떻게 아이들이 선생님을 이렇게 좋아할 수 있냐며 비결이 뭐냐고 물으셨다. 나는 이렇게 대답했다.

"제가 더 많이 사랑해서 그래요."

육아에 있어 가장 중요한 것은 부모가 아이를 충분히 사랑하는 것이다. 부모의 사랑이 부족한 아이들은 항상 내 곁에 있다. 부족한 사랑을 자신이 안전하다고 느끼는 사람에게서 채우고 싶어 하기 때문이다. 부모의 사랑을 충분히 받은 아이들은 내 곁에 잘 오지 않는다. 친구들과 놀거나 혼자만의 시간을 보낸다. 혼자 있는 것이 외롭다고 생각하지 않는다. 그냥, 나 혼자 놀고 싶어서 노는 것일 뿐이다. 아이들은 사랑받기 위해 태어났다. 그리고 부모는 아이를 사랑하기 위해 존재한다. 부모의 사랑은 아이에게 세상을 살아갈 강력한 힘이 된다는 것을 잊지 말기를 바란다.

걱정하는 엄마보다 게으른 엄마가 낫다

직장 다니는 엄마는 아이에게 문제가 생겼을 때 '내가 아이 곁에 있지 않아서 문제가 있나?'라는 생각을 하게 된다. '직장에 다니는 엄마는 가정에 있는 엄마보다 아이와 같이 있는 시간이 절대적으로 부족하니까 아이가 정서적으로 불안할 것이다'라는 생각이 걱정과 불안을 만들어낸다. 그래서 아이에게 문제가 생길 때마다 자신 때문이라고 자책하게 된다. 나도 이런 생각이 나의 발목을 잡을까 봐 육아휴직했다는 것을 부정하지는 못하겠다.

나는 첫째를 낳고 시어머니께 아이를 맡길 때, 엄마가 곁에 없어서 애착 형성이 잘되지 않으면 어쩌나 걱정했다. 아이가 어렸을 때, 내가 아이 곁에 있지 않았다는 죄책감에 직장에서 돌아오면 모든 시간을 아이를 위해 썼다. 급하게 해야 하는 집안일을 제외하고는 아이와 이야기하고 놀았다. 그리고 주말에도 아이를 위해 모든 시간을 함께 보냈다. 나는 직장인 엄마로서 아이에게 할 수 있는 최선을 다하고 있다고 생각했다.

둘째가 태어나기 전까지 나는 첫째에게 모든 것을 맞추었다. 첫째는 스스로 선택할 필요도 없었고, 실패를 경험할 기회도 없었다. 첫째는 겉으로 보이는 신체적 발달, 언어적 발달들이 빨랐기 때문에 나는 첫째가 잘 크고 있다고 생각했다.

둘째를 낳고 나서도 나의 우선순위는 첫째였다. 그래서 첫째를 위해 해야 할 일이 있으면 둘째는 기다려야만 했다. 그래서 둘째는 본의 아니게 스스로 모든 일을 해결했다. 둘째는 네 살 때부터 나 대신 안내장을 챙기기 시작했다. 내가 의도하지는 않았지만, 둘째가 스스로 할 때까지 내가 기다린 셈이 되었다. 그런 둘째는 내가 해주려고 하면 자신이 하겠다는 말부터 했다. 그래서 둘째는 걱정이 되지 않았다. 그때 깨달았다. '내가 스스로 할 기회만 준다면 아이들은 뭐든지 스스로 하고 싶어하는구나. 내가 아이를 어리게만 보고 스스로 할 기회를 빼앗았구나.' 이렇게 생각하고 있던 찰나, 지인과 이야기를 하게 되었다. 내가 첫째에 관해 이야기하니 지인이 요즘 애들 다 그렇게 자라는 거 아니냐며 부모가 다 해주고 부모가 시키는 대로 하지 않냐면서, 뭘 그런 것을 가지고 고민하냐고 하셨다. 요즘 애들이 부모가 다 해주고 부모가 시키는 대로 자라는 건 우리 사회가 부모를 그렇게 만드는 게 아닌가 하는 생각이 든다.

직장에 다니는 엄마가 유념해야 할 점은 있다. 직장에 다니는 엄마는 시간에 쫓기게 된다. 시간에 쫓기게 되면 여유가 없다. 그래서 아이가 어떤 일을 스스로 해결할 때까지 기다려주지 못하고 부모가 해결해주는 경우가 많다. 그리고 직장에 다녀서 같이 있어 주지 못하는 마음을 물질적인 것으로 해결하려 할 때가 많다. 엄마가 직장에 다니는 것이 아이의 정서를 불안하게 만드는 것이 아니라, 아이 스스로 할 수 있는 일인지 아닌지조차 알아챌 여유가 없는 바쁜 일상이 문제일 뿐이다.

우리 부부는 아이가 아플 때 서로 의견이 달랐다. 나는 어렸을 때 예방접종 주사 맞을 때 빼고는 병원에 가본 적이 거의 없다. 그래서 아이들도 가벼운 감기나 열이 나는 정도로 병원에 데리고 가지 않았다. 사실 가벼운 감기 증상으로 아이를 데리고 병원에 가는 것이 귀찮기도 했다. 그런 면에서 내가 좀 게으르긴 하다. 하지만 남편은 아이가 조금만 아파도 병원에 데리고 갔다. 병은 키우면 안 된다면서 초기에 병원에 가서 낫게 해야 한다고 했다. 그래서 내가 "감기는 병원 가도 7일, 안 가도 일주일"이라며 병원에 갈 필요가 없다고 했지만, 남편은 아이가 콧물이 나오거나 재채기만 해도 병원에 데리고 갔다.

첫째는 아토피가 심했다. 어렸을 때 아토피가 심했던 남편은 그 고통이 얼마나 큰지 안다면서 첫째를 병원에 자주 데리고 갔다. 그래서 첫째는 항생제를 달고 살았다. 나는 굳이 저렇게 할 필요가 있나 싶었지만, 더 아프면 누가 책임질 거냐 하는 말에 아무 말도 하지 못했다. 하지만 나는 탐탁지 않았다. 아이가 조금만 아파도 전전긍긍하면서 병원을 데리고 다니면 아이가 병을 이겨낼 기회를 줄 수 없다는 생각이 들었기 때문이다. 물론 무조건 병원에 가지 말라는 말은 아니다.

둘째를 키울 때는 주말 부부였기 때문에 거의 나 혼자 아이를 키웠다. 그래서 둘째가 콧물이 난다거나 목이 아파 열이 나도 병원에 데리고 가지 않았다. 따뜻한 물을 많이 마시게 하고 안아주고 일찍 재웠다. 그래서 둘째는 코로나에 걸리기 전에는 예방접종을 제외하고는 병원을 가본 적이 없다. 둘째가 코로나에 걸렸을 때 약을 먹으니 금방 나았다. 약을 안 먹어서 약발이 잘 받는다고 생각했다.

선생님이 된 친구들은 스트레스에 시달리며 하루가 멀다 하고 아팠다. 20년 넘게 나를 지켜본 친한 친구들이 보기에는 내가 약해 보이는데, 실제로는 건강하다면서 건강의 비결이 뭐냐고 묻곤 한다. 나는 게을러서 병원에 자주 안 가는 것이 비결이라고 말한다. 그럼 친구들은 천하태평이라고 입을 모은다.

얼마 전 우리 반에 윤아가 전학을 왔다. 어머니는 필리핀분이셨다. 어머니는 우리 반 아이들이 윤아 엄마가 필리핀 사람이라는 것을 몰랐으면 좋겠다고 신신당부하셨다. 내가 왜 그러시냐고 물으니 엄마가 필리핀 사람이라서 아이들이 윤아를 무시할까 봐 걱정된다고 하셨다. 어머니의 간절한 눈빛을 보면서 나는 아무 말도 하지 않았다.

수업이 끝나고 교무실에서 전화가 왔다.

"선생님 교실에 계세요?"

"네, 있어요."

행정실무원의 다급한 목소리에 나도 살짝 긴장되었다. 행정실무원과 윤아 어머니가 함께 교실로 오셨다. 나는 무슨 일이냐며 물으니 윤아가 오늘 전학을 간다고 하며 윤아 물건을 가지러 왔다고 하셨다. 윤아 어머니의 말씀에 나는 깜짝 놀랐다. 윤아를 더는 볼 수 없다는 생각을 하니 마음이 먹먹했다.

어머니는 혼자서 아이를 키운다고 하셨다. 생계를 잇기 위해 돈을 벌어야 해서 집에 늦게 들어오니 아이의 저녁을 차려줄 수가 없어 지인이 있는 곳으로 이사를 한다고 하셨다. 윤아의 물건을 챙기고 어머니를 배웅해드렸다. 어머니께서는 그동안 너무 감사드린다면서 연신 고개를 숙이며 인사하셨다. 윤아가 전학 왔을 때, 어머니가 자신이 필리핀 사람이라는 것을 숨겨달라고 하셔서 걱정이 많으신 분이라고 생각했다. 그리고 어머니가 이혼해서 아이가 정서적으로 불안할 것이라고 나는 추측했다. 하지만 나의 추측은 빗나가고 말았다.

전학을 온 윤아는 밝은 표정으로 친구들을 배려해주고 자신이 해야 할 일을 스스로 해결하는 아이였다. 어머니가 늦게까지 일을 하시고 같이 있지 못해도 아이는 잘 자랄 수 있다는 것을 다시 한 번 깨달았다. 어머니께서 힘든 상황에서도 웃음을 잃지 않으시고 세상을 긍정적으로 바라보며 감사하는 마음이 아이를 밝고 긍정적으로 키웠다는 생각이 들었다.

아이와 같이 시간을 보내지 못해서 아이가 정서적으로 불안한 것은 절대 아니다. 부모가 아이를 대하는 양육 태도에 따라 아이가 달라지는 것이지 아이와 같이 있는 시간이 많다고 해서 아이가 잘 자라는 것은 아니다. 만약 그렇다면 엄마가 집에 있는 아이는 모두 잘 자라야 하지 않을까?

직장에 다니는 엄마의 아이 중에는 엄마가 열심히 사는 모습을 보고 자신도 열심히 살아야겠다고 생각하는 아이들이 많다. 그래서 부모가 집에 없는 대신 자신이 스스로 해야 할 일을 찾아서 하고 준비물과 숙제를 스스로 챙긴다.

모든 것을 다 해주겠다는 엄마의 생각이 스스로는 아무것도 못 하는 아이로 만든다. 힘들까 봐 걱정, 같이 못 있어줘서 걱정, 아플까 봐 걱정, 차라리 걱정하는 것보다 게으른 것이 낫다. 아이에게 아무것도 해주지 말라는 말이 아니다. 한 발짝 물러서서 아이를 지켜보라는 말이다.

아이의 인생에서 자신의 인생을 찾지 말고 엄마의 인생에 초점을 맞추고 살았으면 좋겠다. 아이의 인생에 초점을 맞추고 살다 보면 걱정과 불안만 생긴다. 하지만 엄마가 자신의 인생에 초점을 맞추고 살면 누구보다 인생을 주도적으로 살아가고 있는 아이가 옆에 있을 것이다. 이제 걱정을 거두자. 그리고 아이를 믿고 한걸음 물러서서 아이 뒤에서 살아가는 게으른 엄마가 되자.

5장

다른 엄마 말대로 아이를 키우지 않겠습니다

아이의 엄마기에 무조건 힘내라

퇴근 후, 비밀번호 소리와 함께 현관문을 열고 들어오면 아이들이 달려 나온다. 그리고 "엄마, 다녀오셨어요" 인사를 하고 두 팔을 벌린다. 나는 손에 든 짐을 내려놓고 두 팔 벌려 아이들을 힘차게 안아준다. 그리고 이렇게 말한다.

"엄마가 너희들의 엄마여서 얼마나 행복한지 모른다."

직장에서 받았던 스트레스와 피곤함이 어느새 사라지고 행복감이 몰려오는 이 순간, 나는 이루 말할 수 없이 좋다. 내가 아이를 낳지 않았다면 이런 행복한 감정을 느낄 수 없었으리라. 그래서 나는 엄마라는 것만으로도 힘이 난다.

이사 갈 집과 이사 나올 집 날짜가 맞지 않아 이삿짐센터에 짐을 맡기고 시댁에서 한 달을 살게 되었다. 시부모님께서 불편하실까 봐 걱정도 되었지만 한 달 동안 있을 곳이 마땅히 없어서 어쩔 수 없이 시댁에 들어가서 살았다. 시어머니는 친정집에 왔다고 생각하고 편하게 있으라고 하셨다. 그리고 시어머니는 출근하는 나를 위해 매일 아침밥을 차려주셨다. 시아버지는 보통 때 말씀이 없으시다. 처음에는 말씀이 없으셔서 시아버지와 어떤 대화를 해야 할지 고민이었다. 하지만 나는 시간이 지날수록 마음이 깃든 정성스러운 말만 하시는 시아버지가 좋았다.

시댁에서 산 지 2주가 지난 후, 시아버지께서 "우리 며느리는 아이에게 말을 이쁘게 하고 아이를 많이 사랑해줘서 그런지 아이들이 참 잘 컸네"라고 말씀하셨다. 나는 그 말을 듣고 깜짝 놀랐다. 결혼하고 15년 넘는 세월이 지났지만, 시아버지께서 이런 말씀을 하신 적은 처음이었다. 이날, 내가 아이의 엄마라는 것이 자랑스러웠다. 지금도 그때 시아버지의 인정과 지지가 아이를 키우는 데 큰 힘이 되고 있다.

나는 1시간 출퇴근 거리에 있는 학교로 발령받았다. 시어머니께서 나 혼자 직장 다니면서 아이들을 돌보는 게 힘들 거라며 아침이면 우리 집에 와주셨다. 내가 괜찮다고 하니, 시어머니는 거절하지 말라고 하셨다. 너희 아이들 이젠 다 커서 머리만 묶어주고 밥만 챙겨주면 된다고 하셨고, 퇴근하고 돌아오면 시어머니께서 나를 맞아주셨다.

며칠 있다가 시댁 제사가 있었다. 그래서 나는 어머니께 제가 도와드릴 일이 없냐고 여쭈었다. 어머니께서는 다 준비해놓았다고 신경 쓰지 않아도 된다고 하셨다. 그래서 나는 "어머니, 다른 힘든 일 있으면 제게 말해주세요. 제가 뭐든지 도와 드릴게요"라고 말씀드리니, 어머니는 지금은 도와줄 일이 없다고 하셨다. 그럼 "어머니에게 힘든 일은 어떤 것이 있어요?"라고 여쭈니 "돈 벌고 일하러 다니는 게 제일 힘들지" 라고 하셨다.

그 말을 듣는 순간, 나는 눈물이 왈칵 쏟아지려는 것을 간신히 참았다. 나를 이해하고 위로해주시는 어머니의 마음의 넓이는 어디까지일까? 시어머니가 자식을 사랑하는 마음이 얼마이기에 며느리까지 사랑을 전해주실까? 그런 시어머니의 사랑에 오늘도 힘이 난다.

나는 어렸을 때부터 '남자로 태어났으면 좋겠다'라는 생각을 자주 했다. 그리고 사회생활을 하면서 여자기 때문에 부딪히는 한계를 느낄 때마다 남자로 태어났으면 하는 생각이 들 때가 있었다. 임신하면서 살은 찌고 망가져가는 내 모습을 보면서 신체적인 변화가 없는 남편이 얄미웠다. '괜히 여자로 태어나서 임신하는 바람에 내가 하고 싶은 그것도 못 하고…'라는 생각이 나를 괴롭혔다. 하지만 나를 보고 방긋방긋 웃는 아이를 보는 순간, 남자로 태어나고 싶다고 했던 내 생각이 얼마나 안일했는지 깨닫게 되었다. 내가 여자여서 아이를 낳을 수 있는 축복을 누릴 수 있었으며, 세상에서 가장 귀한 존재인 아이를 낳았다는 것만으로 나 스스로가 너무 대견하고 자랑스러웠다.

업무회의가 끝난 후, 선생님들과 이야기를 나누었다. 그중 미혼이신 선생님이 이렇게 물었다.

"결혼하고 아이를 낳으면 현명해지나요?"

아이를 한 명 낳고 임신한 선생님이 말했다.

"결혼을 낳고 아이를 낳는다고 다 현명해지는 것은 아닌 것 같아요. 그런데 아이를 키우면서 생기는 상황을 해결하면서 좀 더 성숙해진다는 생각이 들었어요. 게다가 경험치가 좀 더 쌓이는 것 같아요."

어린아이 둘을 키우고 있는 선생님이 말했다.

"아이를 키우는 건 도를 닦는 것과 같아요. 스님은 도만 닦으면 되지만, 우리는 직장도 다녀야 하고 집안일도 해야 하는 게 참 고단한 것 같아요. 그 사이 인생의 쓴맛을 알게 되는 것 같아요."

나는 이렇게 말했다.

"직장 다니면서 아이 키우는 게 쉬운 일은 아니라는 것에 나도 공감해요. 그런데 아이가 있어 행복한 일이 너무나 많잖아요. 찾을라고 치면 셀 수 없이 많지 않아요? 우리는 그 행복감으로 오늘도 직장에 나오지 않나요? 엄마라는 존재만으로 귀하고 대단한 것 같아요."

내 말에 다른 선생님들 모두 고개를 끄덕였다.

사람이 한데 어울려 살아가는 데 꼭 생기는 것이 갈등이다. 이런 갈등이 생겼을 때 선생님이 가르쳐서 해결되는 부분도 있지만, 어머니가 함께 아이의 성장을 위해 도와야 하는 경우가 많다. 처음 어머니께 아이의 상황을 말하다 보면 아이의 문제가 드러날 수밖에 없다. 그럴 때 그 문제를 나와 같이 해결하려고 하시는 어머니도 계시지만 자신의 문제처럼 느끼고 회피하시는 어머니도 계신다. 아이의 성장을 위해 함께 고민하시고 도와주시는 어머니가 계시면 아이는 바른 방향으로 성장할 수밖에 없다. 그렇게 어머니의 도움으로 아이가 긍정적인 방향으로 나아가게 되면 나는 항상 감사의 인사를 전한다.

"아이를 위해 어머니께서 고민하시고 노력하시는 것은 정말 대단하십니다. 어머니 덕분에 아이가 바르게 성장해나갈 수 있었습니다. 아이를 위해 노력하시는 어머니는 훌륭하십니다. 그러니 자신을 믿고 힘내세요."

나는 일주일에 2번 아이들에게 일기를 쓰게 한다. 사생활 침해라고 이야기하시는 분들도 계시지만, 나는 일기가 가정과 학교를 연결해주는 교량 역할을 한다고 생각한다. 아이들의 일기 속에는 거짓이 없다. 그래서 가족과 있었던 일, 일상생활에서 자신의 생각이 고스란히 일기장에 들어 있다. 아이들의 일기 중에 부모님의 결혼기념일을 준비하는 내용이 있었다. 내가 일기를 읽을 당시 부모님의 결혼기념일은 2주나 남아 있었다. 아이는 부모님 결혼기념일의 이벤트를 준비하고 있었다. 그 과정이 고스란히 일기장에 적혀 있었다. 부모님 결혼기념일을 준비하는 이유, 어떤 선물을 고를까 고민하는 내용, 부모님께서 보셨을 때 어떤 반응일까? 궁금하다는 내용까지, 일기를 읽고 있는 내내 마치 내가 그 아이의 부모인 것처럼 설렜다. 이런 아이를 둔 부모님은 얼마나 좋으실까 하는 생각이 들었다. 아이들은 부모님이 생각하는 것보다 부모님 생각을 많이 한다.

학교에서 보면 아이들은 천사라는 생각이 든다. 몸이 아프거나 힘든 친구가 있으면 보건실에 데려가고, 혼자 놀고 있는 친구가 있으면 옆에 가서 말 걸어주고, 화가 나 씩씩거리고 있으면 위로해주고, 그리고 친구를 거침없이 칭찬한다. 이런 아이들의 모습을 보면 나보다 사려가 깊고, 나보다 말을 이쁘게 하고, 나보다 배려심이 많다. 이런 아이들이 당신 옆에 있는 아이라는 것을 잊지 않았으면 좋겠다.

나는 직장에 다녀와서 아이와 저녁 먹은 후 집안일을 한다. 그리고 둘째에게 책을 읽어주고 재우면 10시가 넘는다. 그제야 나는 책상에 앉아 글을 쓴다. 글을 쓰려니 피곤해서 잠도 쏟아지고 집중하기도 어려웠다. 점점 감기는 눈이 원망스러울 정도였다. 그래서 책상에 머리를 박고 쿵쿵대고 있으니 누군가 와서 내 어깨를 주물러주었다.

책상에서 머리를 들어 고개를 돌려보니 첫째였다. 첫째는 말없이 나의 어깨를 주물러줬다. '내가 전생에 무슨 복이 있어서 첫째 엄마가 되었을까?'라는 생각이 들었다. 그렇게 첫째는 나의 어깨를 계속 주물러줬다. 그리고 이렇게 말했다.

"엄마, 너무 무리하지 마세요. 잠도 안 자고 글 쓰는 엄마를 보면 병날까 봐 걱정돼요. 엄마가 작가가 아니어도 충분히 좋은 엄마세요. 사랑해요" 하며 나를 꼭 안아주었다. 우리 집에도 천사가 두 명 살고 있다. 오늘 그 한 명의 천사가 나를 울린다.

아이를 낳고 기르는 것은 축복이다. 그리고 아이를 기르는 동안 나를 돌아볼 기회가 주어진다. 나는 그때 내 안의 나와 많은 시간을 보냈다. 내가 내 안의 나를 인정하고 믿고 마음껏 사랑했던 시간이 나를 가장 크게 성장시켰다고 생각한다.

선택에 있어서 기회비용은 항상 주어진다. 내가 어떤 선택을 하든 얻는 것이 있다면 잃는 것이 있다. 나는 아이의 엄마를 택했다. 그 길에 어떤 누구의 응원보다 나 자신의 응원이 중요하다는 것을 알았다. 그래서 오늘도 나에게 말한다. 아이의 엄마니까 무조건 힘내라!

가정이 평안해야 아이도 평온하다

이사 오기 전, 우리 위층 부부는 매일 싸웠다. 안방 화장실에 있으면 부부의 싸움 소리가 선명하게 들렸다. 들어보면 매일 거의 똑같은 상황이 반복되었다. 서로가 상대방 탓만 하고 있었던 것이다. 부부 싸움을 시작할 때는 사소한 것으로 시작한다. 사소한 그것이 발단이 되어 그동안 서운했던 감정을 폭발하게 만든다. 그러면서 옛날의 서운했던 일들까지 소환된다. 그리고 누가 더 잘못을 많이 했는지 이야기하기 시작한다. 결국, 자신의 분을 이기지 못해 급기야 고성이 오가고 물건까지 던지게 된다. 싸움이 끝나고 나서는 무엇 때문에 싸웠는지 왜 싸웠는지조차 알지 못한다.

결혼하고 나서 서로를 알아가고 이해하는 데 평균 10년은 걸리는 것 같다. 주위에서 하나같이 하는 말이 10년 정도 살면 이해보다 포기하게 된다고 한다. 포기하지 않으면 계속 싸우게 되고 결국 자신이 괴롭다고 말한다. 그래야 이혼하지 않고 살 수 있다고 말이다.

아이를 키울 때 가장 많이 부딪히는 문제가 육아와 집안일 분담이다. 맞벌이로 똑같이 일하는데 주말에 남편은 늦게까지 늘어지게 자는 모습을 보면 부아가 치밀어 오른다고 한다. 게다가 아이까지 일찍 일어나서 칭얼대면 자고 있는 남편이 꼴도 보기 싫은 존재가 된다고 한다. 아침밥도 차려야 하지 아이도 봐야 하지 평일에 밀려놓았던 집안일도 해야 하는데 남편은 온종일 티브이를 본다고 한다. 티브이 그만 보고 아이 좀 돌보라고 하면 평일에 스트레스받았는데 주말이라도 좀 쉬면 안 되냐고 말한다. 그럼 '나는 평일에 놀았냐고…' 하며 서운함이 밀려온다. 그때부터 아이 앞에서 싸움이 시작된다고 한다.

그 싸움의 피해자는 고스란히 아이 몫이 된다. 싸우는 부모를 보면서 아이는 이렇게 생각한다.

"엄마 아빠가 나 때문에 싸우는구나. 모두 내 탓이구나."

그럼 아이는 부모가 어떻게 하면 싸우지 않을까에 대해 방법을 곰곰이 생각하기 시작한다. 그때, 자신이 문제를 일으키면 부모가 싸움을 안 하고 자신에게 관심을 둔다는 것을 알게 된다. 그 후로도 부모가 계속 싸우면 모든 것이 자신의 탓이라고 생각하고 급기야 가출까지 하게 된다.

부모가 싸우는 모습에 계속 노출되는 아이들은 부모가 싸우는 이유를 자신에게서 찾는다. 그런 아이의 마음은 불안으로 가득 차고 부모가 원치 않는 방향으로 자라게 된다. 부모가 아이 앞에서 싸우지만 않아도 아이들은 잘 자란다.

나도 직장을 다니고 아이를 키우는 데 있어서 억울한 부분이 있었던 것 같다. '왜 똑같이 돈 벌고 일하는데 내가 더 많이 육아를 해야 하지? 남자들은 힘도 세고 여자보다 체력도 좋은데…. 어찌 보면 아이가 어렸을 때는 남자가 더 육아에 최적화되어 있지 않나?' 하는 생각이 들었다. 내가 엄마라는 이유로 무조건 희생을 요구하는 것이 이해되지 않았다.

어느 날, 아이와 어렸을 때 찍은 앨범을 같이 본 적이 있었다. 사진 속의 아이와 함께 있는 나는 행복하고 즐거워 보였다. 내 사진 옆에 같은 배경으로 찍은 남편의 사진이 있었다. 사진 속 남편의 모습은 머리도 엉망에다 너무나 피곤해 보이고 힘들어 보였다.

그 순간 나는 알게 되었다. 육아하면서 나만 힘든 게 아니었구나. 내가 힘들어서 남편이 힘든 것조차 보려고 하지도 않았고 볼 마음의 여유조차 없었구나. 사진 속 남편이 너무나 안타까워 보였다. 억울하다고 생각하며 남편에게 눈치 준 내가 너무 미안했다. 인간이 얼마나 자기중심적인지 또 한 번 알게 되었다. 그 후로 남편에 대한 억울함이 모두 사라졌다. 내가 힘들면 상대방은 더 힘들구나 하는 마음이 생겼다. 그런 마음으로 남편을 보기 시작하니 모든 것이 이해되었다. 내 마음이 편안해졌다. 결국, 내 마음의 문제였다는 것을 깨달았다.

결혼한 친구들이 하는 말 중에 가장 많이 하는 말은 남편이 결혼 전과 지금 전혀 다른 사람이 되었다고, 연애할 때는 나한테 모든 것을 다 맞춰주고 별도 따줄 기세더니 결혼하니 별은커녕 자기 양발도 빨래통에 안 넣는다고 한다.

하지만 남편은 반대였다. 남편은 연애할 때 '어떻게 저렇게 여자 마음을 모르지'라는 생각이 들었다. 연애할 당시 남편은 나의 기준의 미달이었다. 그래서 결혼까지 생각도 하지 않았다. 그런데 어느 순간 내가 결혼식장에 들어가고 있었다. 지금도 내가 왜 자기랑 결혼하게 되었는지 모르겠다고 하면 남편은 나를 처음 볼 때부터 결혼할 거라는 생각이 들었다고 한다. 지금도 미스터리 중 하나가 내가 우리 남편과 결혼한 것이다.

나는 결혼하고 남편에게 별 기대가 없었다. 그런데 결혼하고 나서 살아보니 남편은 감정의 변화가 크지 않고 평안한 사람이었다. 그래서 나의 감정을 잘 받아주고 배려심이 깊었다. 그리고 나를 무척 사랑한다는 것을 알게 되었다. '어, 우리 남편은 연애는 좀 별로였지만 남편감으로는 괜찮은 사람이네'라는 생각이 들었다. 하지만 애정을 표현하는 데는 좀 서툴렀다. 그래서 나는 남편에게 사랑은 표현하라고 있는 거라고, 나는 표현하는 게 좋으니까 하루에 다섯 번씩 사랑한다고 말해달라고 했다. 남편은 알겠다며 자신이 노력해 보겠다고 했다. 그날 이후, 남편은 사랑한다는 말을 입에 달고 살았다. 이제 제발 그만 좀 하라고 해도 내가 자신을 그렇게 만들었다며 책임지라고 말한다. 그런 남편의 말에 나도 모르게 입가에 웃음이 지어진다. 마음이 평안한 남편과 살다 보니 싸울 일이 거의 없었다.

친구가 새집으로 이사해서 집으로 초대를 해줬다. 친구 집에는 초등학교 3학년, 일곱 살 아이가 있었다. 친구 집을 구경하는 중간에 수업을 마친 우리 아이들을 데리러 가야 했다. 친구가 같이 놀게 자신의 집에 아이를 데리고 오라고 했다. 그래서 친구 집에 아이를 데리고 왔다. 그때 첫째는 초등학교 4학년, 둘째는 일곱 살이었다. 내 친구가 아이스크림을 먹으라고 아이들에게 줬는데 한 개의 아이스크림을 아이들 모두 먹으려고 했다. 그때, 둘째가 자신은 괜찮다며 양보를 하는 모습을 보고 친구가 놀라서 이렇게 말했다.

"너희 집 아이들 어떻게 키운 거야? 일곱 살이 친구와 오빠한테 먼저 양보를 하고…. 와! 대단하다."

사실 내 친구가 너무 칭찬해서 나도 당황스럽긴 했다. 그런데 그 다음에 둘째가 친구가 주는 음식마다 맛있다고 감사하다고 하는 모습을 보면서 내 친구는 입이 마르도록 칭찬을 했다. 그때 그런 생각이 들었다. 엄마 아빠가 평안하니 아이들도 마음이 평온해서 남에게도 잘 베풀고 감사하는 마음도 잘 전하는구나 하고.

둘째를 데리러 유치원에 갔다가 원장 선생님을 만난 적이 있었다. 원장 선생님께서 둘째가 맨날 웃고 다닌다며, 그 모습이 얼마나 사랑스러운지 모른다고 하셨다. 이에 뒤질세라 첫째는 마스크 안으로 너무 많이 웃어서 얼굴이 아프다고 하소연을 한다. 웃음이 많은 우리 아이들 덕분에 나도 웃을 일이 많다.

아이들은 부모의 모습을 그대로 보고 자란다. 나는 우리 아이들이 정서적으로 안정되어 있다고 생각한다. 그런 아이로 자랄 수 있었던 것은 워낙 우리 부부가 정서적으로 안정되어 있기 때문이다. 지금까지 살면서 화 한번 내는 모습을 보지 못한 우리 남편과 자다가 업어가도 모르는 무던한 내가 있어서 아이들도 그런 걱정 없이 키웠는지 모른다.

친구들은 묻는다. "어떻게 그렇게 좋은 남편을 만났어?" 사실 뭐라고 말해야 할지 몰라 웃는다. 좋은 남편은 상대방이 생각하기 나름이다.

누구나 장단점이 있다. 남편이든 아이든 어느 면에 집중해서 보느냐에 따라 관계는 달라진다. 서로의 장점만 보고 그 관계가 긍정적으로 이어져 있다면 사소한 갈등은 아무것도 아닌 게 된다. 하지만 서로의 단점만 보고 그 단점에 집중해서 지적하기 시작하면 그

갈등은 결국 싸움으로 변하고 만다. 가정이 평안하려면 부부가 서로 존중하고 배려해야 한다. 부부가 서로의 모습을 존중해주고 이해해줄 때 아이들은 절로 평온해진다.

아이의 그릇을 만들어주는 사람은 부모다

최근 여러 명의 학생이 스스로 목숨을 끊는 사건들이 있었다. 모두 성적을 비관한 자살이었다. 특히 학생들에게 과도한 경쟁이 일상화되고 남과 비교를 부추기는 사회문화와 서열 세우기식 교육이 학생들을 낭떠러지로 내몰고 있다. 부모들은 이야기한다.

"너 잘되라고 공부시키는 거야", "엄마 아빠는 너 공부시킨다고 일하러 다니는 거야", "너는 공부만 열심히 해."

성적표가 나오면 부모들은 오직 점수에만 관심이 있다. 원하는 점수가 나오지 않으면 실망한 기색이 역력하다. 그리고 이렇게 말한다.

"이렇게 공부해서 뭐가 되겠니?", "대학은 가겠니?", "좋은 대학 나와도 취직하기 어려운 세상인데…."

열심히 공부한 아이의 수고로움은 저 깊은 곳으로 묻혀버린다.

"나는 공부해도 안 되는구나. 나는 보잘것 없는 인간이구나"라는 생각으로 자신의 존재 자체를 부정하게 된다. 그런 존재를 인정해주는 사람은 부모인데 부모조차 자신의 존재를 인정하지 않고 부정해버리면 아이들은 더는 기댈 곳이 사라진다. 마음의 그릇이 약해질 대로 약해져버린 아이들은 '보잘 것 없는 존재인데 살아봤자 뭐 하겠어', '차라리 죽는 게 낫지 않을까?'라고 생각하면서 극단적인 선택을 하게 된다. 너무나 안타깝다.

마음의 그릇을 단단하게 만들기 위해서는 아이 존재 자체에 대한 인정이 필요하다. 나는 언제나 너를 믿고 지지한다. 그리고 사랑한다는 메시지를 아이에게 계속 전달해야 한다. 내가 아이를 믿고 사랑해줘도 결핍을 느끼는 아이들이 있다. 그런 아이들은 성취에 대한 인정을 받고 싶어 하는 아이들이다. "엄마, 나는 이거 잘했지?" 이런 아이들에게 사랑한다는 메시지만으로는 부족하다. 꼭 성취에 대한 인정이 필요하다. 부모에게 인정받은 아이들은 마음의 그릇이 단단해진다. 마음의 그릇이 단단해진 아이들은 부모가 시키지 않아도 공부를 하려고 한다. 그리고 부모들의 생각과 달리 대부분 아이는 공부하고 싶어 한다.

이때 공부하려는 아이들을 좌절시키는 것이 부모의 말이다. 점수에만 방점을 찍고 칭찬을 하는 것이다. 시험에서 아이가 100점을 맞았다면 "100점 맞았네. 잘했어", "너희 반에 또 100점 맞은 친구

있어?" 100점 맞은 친구가 여러 명 있다고 하면 부모는 또 실망한 기색이 역력해진다. 여기서 중요한 것은 100점이 아니라, 그 100점을 맞기 위해 노력한 아이의 수고로움이다. "네가 열심히 공부했구나. 축하해"라고 한다. 사소해 보이지만 이 말 한마디로 아이의 공부에 대한 태도가 달라진다는 것을 잊지 말아야 한다.

외모도 경쟁력이라고 생각하는 우리나라 부모들은 어려서부터 아이의 외모를 가꾸기 위해 갖은 노력을 한다. 게다가 아이가 통통하면 엄마가 아이 관리도 안 하고 뭐 하냐는 식으로 말한다. 걱정해주는 말이지만 듣는 엄마는 자신의 잘못처럼 느껴진다. 그래서 엄마는 아이를 돕겠다는 생각으로 아이에게 "운동하면 하면 살이 빠진대", "날씬한 몸을 만들어보자" 등의 말을 한다. 하지만 이런 태도는 살이 찌면 아이의 가치가 떨어진다고 가르치는 셈이다. 이런 말을 자주 들은 아이들은 자신이 살이 쪘다는 것에 신경을 많이 쓰게 된다.

지인의 자녀가 어렸을 때부터 살이 찐 편이라 부모가 아이 앞에서 살에 관한 이야기를 많이 했다고 한다. 중학생이 된 자녀가 살을 빼겠다고 다이어트약을 인터넷에서 샀다고 한다. 학교에서 그 약을 먹고 가슴이 뛰고 배가 아파서 급기야 응급실에 실려 가게 되었다고 한다. 병원에 가서 알아보니 흔히 '나비 약'이라고도 불리는 식욕억제제 디에타민을 먹은 것이다.

아이가 가진 어떤 특성이든 "가치로운 것이다"라고 말해주어야 한다. 그래야 아이 마음의 그릇이 절로 단단해진다. 남이 뭐라고 해도, 어떤 상황에 맞닥뜨려도 자신은 괜찮은 사람이라는 생각이 쉽게 흔들리지 않는다. 그리고 이렇게 믿는 사람은 자신 스스로 존중해준다. 아이에게 '나는 가치로운 사람이다'라는 믿음을 꼭 심어주자.

미술 시간이면 아이들이 미술 작품을 완성하고서 나에게 와 자신의 작품을 내민다. "선생님 제 작품 어때요?" 하고 물으면서, 내 입에서 어떤 말이 나올지 기대하고 있는 모습이 너무나 사랑스럽다. 나는 아이들 작품의 좋은 점을 자세히 말해준다. 그리고 끝까지 자신의 작품을 완성한 노력에 칭찬해준다. 그렇게 칭찬을 들은 아이들은 세상을 다 가진 표정으로 자신의 자리로 들어간다.

한 교실에 있는 아이들의 인원수가 많아서 아이마다 하루에 한 번씩 칭찬하려고 애써도 못하는 경우가 많다. 그래서 부모님께서 하루에 10분이라도 시간을 내어서 아이와 학교에서 있었던 이야기를 나누고 존재 자체에 감사함을 표현하고 아이를 꼭 안아주는 시간을 가졌으면 좋겠다. 이 시간으로 아이들의 마음은 믿음과 사랑으로 가득 찰 것이다. 결국, 이것이 아이가 성장해서 살아가는 데 가장 큰 원동력이 될 것이다.

친한 지인이 밤늦게 전화가 왔다. 아이가 학교에서 일이 있었는데 선생님이 너무 무서워서 말도 못 하고 억울해한다고 말이다. 무슨 일이냐고 물으니 같은 아파트에 사는 아이와 등교를 하는데 그 아이가 자신 아이의 가방을 위에서 여러 차례 잡아당겼다고 한다. 그래서 자신의 아이가 하지 말라고 했는데도 그 아이가 계속해서 자신의 아이도 그 아이의 책가방을 잡아당겼다고 했다. 그런데 그 아이는 그 책가방을 벗어놓고 그냥 가버렸다고 한다. 그래서 자신의 아이도 그 책가방을 그대로 놓아두고 교실로 왔다고 한다.

그런데 책가방을 놓아두고 간 아이가 다른 반이었는데 가방이 없어졌다고 교실에 들어가서 엄청나게 울었다고 한다. 그래서 다른 반 아이의 담임 선생님이 자신의 아이를 불러서 상황도 물어보지 않고 가방 어디 있냐고 하면서 자신의 아이를 크게 야단쳤다고 한다. 자신의 아이는 억울했지만, 선생님이 너무 무서워 말도 못 하고 자신의 아이가 사과하는 것으로 끝났다고 한다.

우리 아이의 말이 다 맞지는 않을 수 있지만, 선생님이 아이를 대하는 태도에 너무 화가 났다고 한다. 아이의 상황도 물어보지 않고 자신의 반 아이가 울고 있다고 다짜고짜 아이 야단만 친다는 것이 말이다. 그래서 자신이 이야기를 들어주고 아이의 마음에 공감해줬다고 한다.

"아주 속상했겠다. 엄마라도 화났겠다. 엄마가 옆에 있었으면 네 이야기도 들어줬을 텐데…. 아무리 선생님이라도 그 행동은 잘못

되었어. 선생님이라고 다 옳은 행동을 하는 것은 아니야"라고 말한 뒤 아이를 꼭 안아주었다고 한다.

아이가 학교에 다니다 보면 어쩔 수 없이 일어나는 상황이 있다. 그래서 부모의 태도가 너무나 중요하다. 만약 지인도 아이보고 "너도 친구 가방을 당기면 안 되지. 너도 잘못했네. 그리고 친구가 가방을 벗어놓고 갔으면 너도 들고 가서 줘야지"라고 아이를 타박했다면 아이는 어떤 마음이 들까? 부모도 '내가 아이와 같은 상황이라면 어떤 말을 듣고 싶을까?' 하고 한 번만 생각해보면 답은 쉽게 나온다.

엄마들도 밖에서 속상한 일이 있어 집에 와서 남편에게 말했는데 자신의 감정은 공감해주지 않고 내가 잘못한 행동을 이야기한다면 어떤 마음이 들겠는가? 부모가 아이의 감정을 공감해주고 들어줄 때 마음의 그릇이 단단해진다.

마음 그릇이 단단해진 아이는 세상을 향해 나아갈 힘이 생긴다. 그러면 무슨 일이든 도전할 수 있는 용기가 생긴다. 스스로 목표를 세우고 올바른 방향으로 나아가 자신이 원하는 성취를 이룰 수 있게 된다. 그리고 그 중간에 생기는 실패에 대한 두려움도 스스로 이겨내게 된다.

아이의 그릇을 만드는 데 가장 기본이 되는 것이 마음 그릇이다. 그것을 단단하게 만들어주는 사람은 부모다. 기초가 튼튼해야 그

위에 쌓은 집이 무너지지 않듯이 마음 그릇을 단단하게 잘 만들어 놓아야 그 안에 공부든 성공이든 이룰 수 있지 않을까?

아이가 바라는 것은 사랑이다

나는 아침에 일어나면 제일 먼저 같이 잠든 둘째를 안아주고 뽀뽀해준다. 그리고 다리를 주물러주면서 사랑한다고 말해준다. 둘째가 충분히 만족감을 느낀다는 생각이 들면 그다음 첫째 방으로 간다. 그리고 첫째를 꼭 안아준다. 둘째는 첫째 방으로 따라와서 첫째를 안아주는 나를 보며 이렇게 말한다.

"엄마는 오빠만 사랑해주고 나는 사랑 안 해주고…."

처음에는 조금 당황스러웠다. 방금 일어나서 둘째를 제일 먼저 안아주고 뽀뽀까지 그리고 연타로 사랑한다는 말까지 해줬는데 자신을 사랑하지 않는다고 말한다. 그렇게 말하는 이유가 뭘까? 하고 생각하던 찰나에 남편이 일어나서 나를 안아줄라치면 둘째는 또 이렇게 말한다.

"아빠는 엄마만 사랑해주고 나는 사랑 안 해주고…."

나는 더 당황스럽다. 도대체 둘째는 사랑을 얼마나 표현해줘야 만족스러운 걸까? 둘째의 마음을 알 길이 없다.

내가 출근 준비를 하고 있으면 첫째와 둘째가 도란도란 이야기하는 소리가 들린다. 그 소리가 얼마나 듣기 좋은지 마치 아름다운 음악 같다. 둘이서 이야기하는 도중에 내가 나타나면 둘째는 입술을 내밀며 뽀뽀해달라고 한다. 사실 그 모습이 좀 사랑스럽긴 하다. 그래서 둘째의 볼을 비비고 뽀뽀하면 나를 바라보고 있는 첫째의 시선이 느껴진다. 둘째처럼 "나도 사랑해주세요"라고 대놓고 말도 못 하고 쳐다보기만 하는 첫째를 보면서 어렸을 때 나를 보는 것 같아 안쓰럽기도 하다. 그래서 나는 둘째가 친구를 만나러 가면 첫째와 둘이서 데이트를 한다.

요즘 시험 기간이라 첫째는 공부를 열심히 한다. 그래서 첫째가 좋아하는 음식을 먹으러 식당에 갔다. 음식을 주문하고 나서 나는 첫째에게 이렇게 물어보았다.

"엄마는 열심히 노력하는 너의 모습이 너무나 대견하고 자랑스러워. 엄마가 궁금해서 그러는데 너는 왜 공부를 이렇게 열심히 해?"

첫째는 이렇게 말했다.

"엄마, 제가 정한 목표를 이루기 위해 열심히 해요."

"목표? 그럼 너의 목표가 뭐야?"

"제가 행복하게 사는 것이요. 제가 행복하게 살면 다른 사람도 행복해지잖아요."

"엄마는 네가 이렇게 열심히 공부한 거 아니까 나중에 결과가 만족스럽지 않아도 괜찮아. 또 너 스스로 할 수 있다는 믿음과 다시 도전할 수 있다는 용기만 있다면 언젠가는 네가 원하는 목표를 이룰 거야. 엄마는 너를 믿어."

"엄마, 저는 제가 열심히 했으니까 결과도 좋았으면 좋겠어요. 노력한 만큼 결과가 있어야 기분도 좋잖아요. 그리고 그 결과가 나왔을 때, 엄마한테 잘했다는 말 듣고 싶어요. 저는 그 말 한마디면 충분해요."

이 말을 듣는 순간, 사람마다 사랑을 느끼는 표현이 다르다는 것을 알았다. 사랑한다는 충족감이 중요한 우리 딸, 잘했다는 인정이 중요한 우리 아들, 둘 다 내 뱃속에서 나왔는데 참 다르다는 생각이 들었다. 나는 사랑한다는 말이면 모든 마음이 통한다고 생각했다. 그런데 내가 아무리 사랑을 전해도 상대방과 주파수가 맞지 않으면 사랑이 전해지지 않는다는 것을 깨달았다.

등교 시간이었다. 혜연이가 아침부터 얼굴이 붉으락푸르락하며 교실로 들어왔다. 그러고는 책가방을 교실 바닥에 내동댕이치고 나가는 것이었다. 나는 무슨 일인지 궁금했지만, 혜연이가 돌아올 때까지 기다렸다. 5분이 지나도 혜연이가 교실로 오지 않자 걱정이 되었다. 그래서 교실 밖으로 나가 보았다.

혜연이 옆에는 혜연이 동생이 있었다. 혜연이는 동생에게 "제발 너 물건 좀 제대로 챙겨. 누나가 너 때문에 못 살겠다"라며 마치 엄마가 아이에게 야단치는 것처럼 이야기하고 있었다. 동생은 "누나, 제발 잔소리 좀 그만해"라고 말하며 혀를 날름 내밀었다. 동생의 그 모습을 본 혜연이는 더 화가 났는지 급기야 동생을 때리려고 쫓아갔다. 얄밉게도 동생은 자신의 교실로 들어가버렸다. 그런 혜연이는 힘이 빠진 채 교실로 터벅터벅 걸어오고 있었다. 나는 혜연이를 데리고 연구실로 갔다.

"혜연아, 동생 데리고 다니기 힘들지? 말도 안 듣고 떼만 부리지 않아?"라고 물으니 혜연이는 놀란 듯이 눈을 동그랗게 뜨고 나를 쳐다보았다.

"선생님은 초등학교 때 학교가 멀어서 버스 타고 다녔어. 매일 남동생을 데리고 학교에 다녔어. 남동생은 맨날 다리 아프다고 칭얼대고, 말은 안 듣고, 먹을 거 사달라고 떼쓰고…. 그런데 엄마한테는 동생 때문에 힘들다고 말도 못 했어. 엄마가 걱정할까 봐. 선생님도 크고 나서 그때 엄마한테 힘들다고 말이나 할 걸 싶더라. 우리 혜연이는 어때?"

혜연이는 고개를 숙이고 아무 말도 하지 않았다. 이윽고 혜연이는 엉엉 소리 내어 울기 시작했다.

"선생님, 저 동생 데리고 다니는 거 너무 힘들어요. 엄마가 저희를 위해서 아침에 돈 벌러 나가시니까 엄마 힘들까 봐 데리고 다니는 거예요. 친구랑 놀려고 해도 동생 때문에 놀지도 못하고 종일 저만 따라다니는 동생이 너무나 성가셔요. 제가 이렇게 말하면 나쁜 사람 되는 것 같아서 아무한테 말도 못 했어요. 저도 동생 없이 친구들과 마음껏 놀고 싶어요."

며칠 전 혜연이 어머니와 상담을 했었다. 그때 혜연이 어머님은 혜연이가 동생을 잘 챙기고 엄마를 많이 도와준다고 착하고 기특한 딸이라고 하셨다. 한편으로는 동생 챙긴다고 친구와 놀지도 못하는 혜연이가 안쓰럽다고 하셨다. 나는 어머니께 이렇게 말했다.

"어머니, 혜연이에게 엄마가 너의 마음 잘 알고 있다고 혜연이의 마음을 헤아려주세요. 힘들면 엄마에게 말해도 된다고 말해주셨으면 좋겠어요. 그리고 혜연이를 위해 엄마의 사랑을 표현할 시간을 가지셨으면 좋겠어요. 지금 혜연이는 엄마의 사랑이 필요해요. 어머니, 지금 이 순간이에요. 이 순간이 지나면 사는 게 바빠서 잊어버리게 돼요. 돈 버는 거 진짜 중요해요. 하지만 돈보다 더 중요한 사랑의 가치를 아셨으면 좋겠어요."

점심시간이었다. 혜연이가 종이 치고 10분이나 지났는데도 교실로 들어오지 않아 걱정되었다. 그래서 혜연이를 찾으러 가려고 하는 순간, 혜연이가 숨 가쁘게 교실로 들어왔다. 나는 혜연이에게 무슨 일 있었냐고 물어보았다. 옆 반 친구가 막무가내로 집에 가려고 했다고 한다. 그냥 손을 잡고는 오기가 힘들어서 아예 집에 못

가게 업고 왔다고 했다.

혜연이는 나에게 허리가 아프다고 했다. 그래서 나는 "혜연이가 친구 데리고 온다고 많이 힘들었겠네. 혜연이 덕분에 친구가 교실로 올 수 있었어. 고마워"라고 말해주었다. 다음 쉬는 시간에도 혜연이는 나에게 와서 계속 허리가 아프다고 했다. 나는 그런 혜연이의 허리를 어루만져주었다. 수업이 끝나고 집에 가기 전에 혜연이를 꼭 안아주었다. 그리고 혜연이에게 이렇게 말했다.

"혜연아, 친구를 위하고 선생님을 위하는 너의 그 마음은 정말 이쁜 마음이야. 하지만 혜연이가 좋아서 하는 행동이 어느 순간 힘들 때가 있을 수 있어. 그때 선생님에게 꼭 말해줘. 그리고 선생님은 혜연이가 친구를 도와줘서 사랑하는 게 아니라, 혜연이어서 사랑하는 거야. 네가 이 세상에서 숨 쉬고 존재한다는 것만으로도 사랑받을 자격이 충분히 있어. 그리고 네가 모든 것을 감당할 필요는 없어. 선생님이 있으니 걱정하지 말고 점심시간에 네가 원하는 것을 하고 놀아도 괜찮아."

아이는 부모의 사랑 주머니가 한 개밖에 없다고 생각한다. 그래서 그 주머니의 주인이 자신이 아니라는 생각이 들면 그 사랑 주머니를 독차지하려고 애쓴다. 만약 형제자매가 있으면 사랑 주머니를 차지하기 위해 서로를 질투하게 된다. 아이들에게 부모의 마음속에 각자의 사랑 주머니가 한 개씩 있다는 것을 알게 해줘야 한다. 그러기 위해서는 아이마다 따로 사랑을 표현해야 한다. 아이 각자 방에 가서 엄마가 세상에서 가장 사랑하는 것은 "너밖에 없다"고 속삭여야 한다. 그 사랑이 마음속 깊이 새겨져야 비로소 아이들은 사랑이라고 느낀다.

부모는 자신이 아이를 아주 많이 사랑하고 있다고 생각한다. 하지만 부모가 사랑하는 것보다 아이가 부모를 더 많이 사랑한다. 열심히 공부하는 아이에게 열심히 공부하는 이유를 물어보면 자신을 위해서이기보다 부모에게 인정받고 칭찬받고 싶어서 열심히 공부한다고 했다. 그런 아이가 부모에게 받고 싶어 하는 것은 딱 한 가지 사랑이다.

사랑받고 싶어서 열심히 공부하고, 사랑받고 싶어서 부모님 말씀 잘 듣고, 사랑받고 싶어서 부모님이 좋아하는 행동을 한다. 아이가 부모에게 바라는 것은 사랑밖에 없다.

긍정적인 부모가 자존감 높은 아이로 키운다

미국 체로키족의 나이 많은 추장이 손녀에게 말했다.

"우리 마음속에는 두 마리의 늑대가 살고 있단다. 그 둘은 항상 싸우곤 하지. 한 마리는 나쁜 늑대야. 분노, 질투, 슬픔, 후회, 욕심, 오만, 자기 연민, 거짓, 허영, 헛된 자존심이지. 다른 한 마리는 착한 늑대란다. 기쁨, 사랑, 희망, 친절함, 겸손, 동정, 긍정, 너그러움과 믿음이야."

마음속 두 마리의 늑대 이야기를 들은 손녀가 물었다.

"그럼 그중 어떤 늑대가 이기나요?"

추장은 이렇게 대답했다.

"네가 더 많은 먹이를 주는 늑대가 이기게 된단다."

우리는 과연 어떤 늑대에게 더 많은 먹이를 주고 있을까?

부모님들은 상담하러 오면 제일 먼저 아이에 대한 걱정부터 늘어놓는다. “몸이 약해서 걱정이다”, “친구는 많은데 친한 친구가 없어서 걱정이다”, “발표를 안 해서 걱정이다”, “말을 안 들어서 걱정이다”, “게임을 많이 해서 걱정이다” 등 수많은 걱정을 나에게 이야기한다.

방과 후, 상담하러 오신 어머니는 아이가 정리 정돈이 안 돼서 걱정이라고 하셨다. 그러면서 아이 자리가 어디냐고 물어보셨다. 아이의 자리를 가르쳐드리니 아이 책상부터 들여다보셨다. 그러고는 어머니께서 한숨을 내쉬면서 “선생님 학교에서도 여전히 정리 정돈이 안 되네요”라고 하셨다. 나는 웃으며 “어머니, 그럼 정리 정돈 빼고는 다 잘한다는 말이네요”라고 말했다. 그때부터 나는 상담하러 온 어머니 아이의 장점을 말하기 시작했다. “우리 승민이는 발표를 잘합니다. 적극적이며 친구들과 재미있게 놉니다. 학교에 적응을 어려워하는 친구들을 잘 도와줍니다. 자신이 해야 할 일을 스스로 합니다.” 나는 이어서 계속 말했다. 어머니께서는 웃으시며 선생님 그만하셔도 된다고 손사래 치셨다.

걱정으로 가득 차 있던 어머니 얼굴에 이내 미소가 번졌다. 웃고 계시는 어머니에게 나는 이렇게 말했다.

“어머니 아이의 단점만 보고 이야기하면 걱정할 일밖에 없습니다. 아이의 장점을 보고 이야기하면 웃을 일밖에 없습니다. 저는 우리 승민이가 어머니처럼 훌륭하고 멋지게 잘 자랄 거라고 믿습니다. 어머니께서 그 모습 지켜봐주세요."

우리나라 엄마들은 아이의 칭찬에 인색하다. 누가 자신의 아이를 칭찬할라치면 제일 먼저 나오는 말이 "우리 아이 그렇지 않아요. 많이 부족해요"다. 이렇게 말하는 것이 미덕이고 겸손이라고 생각한다. 그런데 그 말을 듣고 있는 아이는 무슨 생각이 들까? 다른 사람은 자신을 대단하다고 하는데 내가 세상에서 제일 사랑하는 우리 엄마는 내가 부족하다고 한다. 아이는 엄마의 속내를 모른다. 그냥 엄마가 하는 말이 사실이라고 믿는다.

그럼 우리는 아이 앞에서 어떤 말을 많이 써야 할까? 바로 긍정적인 말이다. 부모들은 아이에게 말하기 전에 한 번 더 생각해야 한다. "좋은 말할 때 들어", "너 때문에 미치겠다", "넌 도대체 누굴 닮아서 이 모양이니"와 같은 말을 들을 때 어떤 생각이 드는가? 난 엄마 말 잘 들어야지. 엄마가 나 때문에 미치는구나. 바르게 행동해야 한다고 생각할까? 아이는 "난 도대체 왜 이 모양이지", "난 쓸모없는 존재구나" 하고 생각한다. 이와 같은 부정적인 말들은 쓰레기통에 버려야 한다.

대신 아이들을 안아주면서 "엄마 자식으로 태어나줘서 고마워", "엄마가 무슨 복이 많아서 이렇게 이쁜 자식들이 태어났을까?", "난 네가 자랑스러워", "엄마가 더 사랑해", "엄마는 너희와 함께 있는 것만으로도 행복해"라는 말을 들을 때 어떤 생각이 드는가?

'엄마가 나를 이렇게 지지하고 격려하고 사랑해주네'라는 생각이 든다.

부모들이 가장 많이 하는 실수 중 하나가 형제, 자매 앞에서 칭찬하는 것이다. 그래서 첫째 아이 앞에서 둘째를 칭찬하고 있으며 부모 뒤에서 아무 말도 못 하고 물끄러미 보고 있는 첫째가 있다. 첫째들은 부모에게 인정받고 싶어 한다. 그래서 하고 싶은 것도 말 못 하고 부모가 시키는 대로 한다. 그런 부모가 둘째에게 칭찬해주는 모습을 보면 배신감이 든다. 엄마는 나를 사랑하지 않나 봐 동생만 사랑하나 보다라고 생각한다.

부모님들께서 첫째가 동생을 때리거나 윽박지르는 모습을 보고 고민을 토로하실 때가 있다. 첫째가 동생에게 왜 그렇게 하는지 모르겠다고…. 부모님들은 첫째의 행동에만 주목한다. 하지만 첫째가 왜 그러는지 이유에 주목하면 답은 쉽게 나온다.

엄마의 사랑을 독차지하고 싶어서다. 이런 경우에 첫째와 단둘이 시간을 가져야 한다. 첫째가 좋아하는 장소에 가서 맛있는 것도 먹고 이야기도 나누면서 즐겁게 보내는 시간이 중요하다. 첫째 기분이 좋아지면 동생에 관한 이야기를 꺼내면서 동생에 대한 첫째의 감정을 읽어준다. 모든 사람이 가진 감정은 옳다. 그것이 부정적으로 들릴지라도 말이다. 절대 아이의 감정을 부모가 판단해서는 안 된다. 엄마와 즐거운 시간을 보낸 첫째는 동생에게 좀 더 너그러운 사람이 되어 있을 것이다. 엄마가 나의 마음을 헤아려 주고 사랑한다는 것을 알았기 때문이다.

점수만을 중요시하는 우리나라에서 아이들이 가장 많이 당하는 것이 비교다. 점수로 비교당하고, 학벌로 비교당하고, 직업으로 비교당하고, 심지어 부모의 부(富)로도 비교당한다. 이러한 비교가 만연된 사회에서 부모조차 아이를 비교한다면 아이는 불행할 것이다. 나는 잘하는 것이 아무것도 없는 사람이 되어버릴 것이다.

아이에게 진짜 필요한 것은 다른 사람과의 비교가 아니라 자기 자신과의 비교다. 어제의 나와 오늘의 나를 비교해야 한다. 어제의 나보다 오늘의 나가 성장했다면 나 스스로 칭찬해줘야한다. 그리고 나에게 "너는 멋지고 자랑스러워"라고 말해줘야 한다. 그리고 부모는 아이에게 "넌 세상에 하나뿐인 특별한 존재야"라고 매일 말해줘야 한다. 그래야 아이는 남과 비교하지 않고 자신을 스스로 존중하고 사랑하는 자존감 강한 아이로 자란다.

내가 가장 많이 하는 말 중의 하나가 "감사합니다", "사랑합니다", "행복하세요"다. 처음에는 이 말을 하는 것이 어색했다. 친하지도 않은 사람한테 사랑한다고? 오해하면 어떻게 하지?라는 생각이 들었다. 그래서 반 아이들과 인사말로 만들었다. 내가 "사랑합니다"라고 말하면 아이들이 "행복하세요"라고 인사를 하고 하교를 한다. 이 말을 매일 하다 보니 나도 모르게 익숙해지게 되었다.

교감 선생님께 업무에 관해 여쭈어본다고 교무실에 갔다. 내가 여쭈어보는 질문에 교감 선생님께서 명쾌하게 대답을 해주셨다. 그래서 “감사합니다”라고 말했다. 교감 선생님께서 “뭘 맨날 그렇게 감사하다고…”라며 웃으며 말씀하셨다. 그래서 내가 웃으면서 “교감 선생님 얼굴을 아침에 뵙는 것만으로도 감사한 일이죠” 하며 교무실을 나왔다. 교감 선생님께서는 맨날 나 보고 웃고 다닌다며 웃을 일이 그리 많냐고 하셨다. “네, 세상에 감사한 일이 너무 많네요”라고 말하며 또 웃었다.

학교에서는 우유 급식을 한다. 가끔 우유를 반쯤 먹고 버린다든가 먹기 싫어서 우유를 먹지 않는 아이들이 있다. 나는 우유를 꼭 먹으라고 강요하지는 않는다. 하지만 이 우유를 우리가 먹기까지 얼마나 많은 분이 수고해주시는지 이야기해준다. 그래서 우유를 먹을 때도 감사한 마음으로 먹어야 한다고 말해준다.

세상에는 감사할 일들이 너무나 많다. 아이가 곁에 있어 감사하고, 편리한 세상에 살 수 있어 감사하고, 건강하게 살아 있음에 감사한다. 이런 감사함을 아이에게 알려주고 감사함을 먼저 표현해보자.

어떤 위인도 태어날 때부터 훌륭한 사람은 없다. 자식이 훌륭한 사람이 될 수 있다는 믿음을 가진 훌륭한 부모가 뒤에 있을 뿐이다. 부모가 믿음을 갖고 긍정적으로 아이를 대한다면 자존감 높은 아이로 성장할 것이다. 부모는 아이에게 긍정적인 경험을 꾸준히 제공해야 한다. 그러기 위해서는 부모가 긍정적으로 말하고 행동해야 한다. 그러면 아이는 자신을 믿고 존중하고 자신을 사랑하는 사람으로 자랄 것이다.

부부의 행복이
사랑이 넘치는 아이를 만든다

대학교 후배들과 모임을 했을 때다. 결혼한 후배들이 돌아가면서 남편에 대해 하소연을 하기 시작했다.

한 후배의 남편은 부지런하고 집안일도 잘해주었다. 그런데 후배는 남편이 아이들한테도 잘하고 집안일도 많이 도와주는 건 좋은데 만나는 친구가 없다고 했다. 그래서 매일 집에만 있으니 자신이 친구들 만나러 나오는 것이 눈치 보인다고 했다. 남편은 후배 보고 신경 쓰지 말고 나가라고 말하지만, 나가지 않았으면 하는 눈빛이 역력하다고, 오늘도 따라가고 싶다는 것을 겨우 말렸다고 했다.

또 다른 후배는 남편이 집안일을 거의 도와주지 않는다고 했다. 그래서 맞벌이 부부임에도 불구하고 후배가 아이를 보살피고 집안일도 도맡아 한다고 했다. 남편이 집안일을 할 때까지 아무리 기다려도 하지 않아 결국 자신이 한다고 하소연했다.

후배들의 하소연이 끝난 후, 한 후배가 나를 쳐다보며 선배는 어떻게 남편과 싸우지도 않고 잘 지내냐고 비결을 물었다. 나도 결혼 생활을 하면서 너희와 상황은 다르지만, 순간순간 고민은 있었던 것 같다고. 단지 그 고민의 시간이 짧았던 것뿐이라고. 남편이 변하기만을 기다리지 않고 나 스스로 먼저 행동했던 것 같다고 이야기했다.

20년 넘게 다른 환경에서 자란 사람이 처음부터 기러기 한 쌍처럼 살기는 쉽지 않다고. 다만, 갈등이 생겼을 때 어떻게 생각하느냐에 행복의 시간이 빨리 올 수도 있고, 늦게 올 수도 있는 것 같다고. 고민을 5년 동안 하느냐 10년 동안 하느냐는 본인의 몫이라는 것을 나는 좀 빨리 알았던 것 같다고 말했다. 그리고 이것이 비결이라면 비결이라고 할 수 있다고 했다.

나는 프리지어 꽃을 좋아한다. 봄이 되고 프리지어 꽃이 나오기 시작하면 남편이 프리지어 꽃을 사 온다. 결혼 초, 남편이 꽃을 사 왔을 때 너무나 행복했다. 그래서 남편이 선물한 꽃으로 말린 꽃을 만들었다. 그리고 말린 꽃으로 액자까지 만들어 남편에게 고마움을 매일 전했다. 남편은 내 모습에 자신도 행복함을 느꼈는지 자주 꽃을 사 왔다.

육아휴직했을 때, 1년은 월급이 나왔지만, 2년, 3년째에는 무급으로 육아휴직을 했다. 그래서 남편의 월급만으로 애 둘을 키우는 것이 경제적으로 쉬운 일은 아니었다. 제일 먼저 내가 소비하는 것부터 줄일 수밖에 없었다. 인터넷 쇼핑을 하다가 사고 싶은 것이 있었다. 하지만 장바구니에 넣어놓고 살까 말까 고민하다가 결국 사지 않았다. '돈이 없으니 내가 사고 싶은 것도 못 사고….' 나는 허탈했다.

그러고 있던 찰나, 남편이 꽃다발을 들고 와서 내 품에 안겨주었다. 보통 때 같았으면 너무나 행복했을 텐데 그날은 이런 생각이 들었다.

'꽃다발이 얼마나 비싼데…. 또 꽃을 사 왔네. 돈 아까워.' 하지만 남편이 실망할까 봐 티는 내지 않았다. 그날, 친한 언니들과 저녁 모임이 있었다. 나는 언니들에게 "남편이 또 꽃을 사 왔어요. 돈이 아까워요. 꽃은 처음에는 이쁘지만 결국 시드는데…."

한 언니가 이렇게 말했다.

"남편이 꽃다발을 주면 좋아하면서 받아야 해. 안 그러면 다음 번에는 꽃도 안 사주고 다른 것도 안 해줘…. 지금은 그 돈이 아깝게 느껴지겠지만 더 살아보면 꽃을 선물해준 남편의 행동이 어느 순간 내 마음 깊은 곳에 행복으로 자리 잡고 있을 거야. 남편이 꽃을 줘서 행복한 것이 아니라, 그 사람과 함께 있는 것 자체가 행복이 되는 거야…."

언니의 말을 들으며 다시 한 번 생각하게 되었다. 친한 언니들은 내가 남편과 싸워서 속상해하면 같이 남편 흉을 보기보다 "너희 남편 그런 사람 아니다. 너를 얼마나 아끼고 사랑하는데…. 옆에서 보고 있는 우리는 아는데 너는 모르는 거니." 언니들의 위로에 나도 모르게 속상했던 마음이 눈처럼 사르르 녹는다.

남자는 여자의 신뢰를 받고 싶어 하는 존재다. 남편은 부인에게 무엇인가를 해줄 수 있다는 것 자체를 진심으로 기뻐하는 존재다. 그런 남편이 부인에게 선물하거나 꽃다발을 줄 때 마음에 들지 않더라도 기쁘게 받아야 한다. 그리고 그 행복한 시간을 만들어준 남편에게 진심으로 감사해야 한다. 이때, 남편은 부인을 더 행복하게 해주기 위해 노력하게 된다.

그리고 부인이 남편의 마음을 다 알 수 없듯이 부인은 남편이 내 마음을 알 때까지 기다리는 어리석은 행동은 하지 말았으면 좋겠다. 그럼 죽을 때까지 남편은 부인 마음을 모를 수도 있기 때문이다. 부인은 원하는 것이 있으면 남편에게 확실하게 말해야 한다. "나 이렇게 하고 싶어. 나 이렇게 대해줬으면 좋겠어." 그러면 남편은 부인이 원하는 것을 해주게 되고, 부인이 행복해하는 모습을 보고 남편은 더 행복하게 해주고 싶다는 생각을 한다. 그럼 부인은 더 행복해진다. 이것이 부부 행복의 선순환이다.

남편은 승진을 위해 통영으로 발령받아 갔다. 남편은 멀리 떨어져 있는 가족과 혼자 아이를 키우고 있는 나를 위해 열심히 노력했다. 나는 남편이 통영에 간 이후 새벽 2시 전에 자는 것을 보지 못

했다. 주말에 집에 와서는 평일에 아이 돌본다고 고생한 나를 위해 남편은 아이들과 데이트를 하러 나간다. 그리고 나 혼자 시간을 보낼 수 있게 해준다. 남편이 배려해준 이 시간이 나에게 너무나 소중했다. 남편의 따뜻한 배려가 나를 행복하게 만들었는지도 모른다. 이렇게 한나절을 나를 위해 시간을 보내고 나면 에너지가 샘솟는다. 어느 순간, 남편과 아이들이 그리워지고 보고 싶기까지 한다. 그래서 남편과 아이들이 집에 들어오면 나는 가족에게 행복감을 전해준다.

4학년 담임을 맡을 때였다. 우리 학년은 총 6반이었다. 선생님들은 수업 능력뿐만 아니라 업무 능력도 뛰어났다. 반끼리 넷볼 리그전을 했다. 열정이 넘치는 두 선생님 반과 경기를 할라치면 아이들 목소리보다 선생님 목소리가 더 컸다. 그 열정적인 선생님의 말 속에는 아이들의 경쟁을 부추기는 말들이 대부분이었다. 너희는 무조건 이겨야 한다는 메시지가 가득했다.

그중 젊은 선생님이 우리 반과 리그전 결승 경기를 했다. 나는 허리가 아파 의자에 앉아 있었다. 하지만 아이들 한 명 한 명 눈 맞춤을 하고 응원을 해주었다. 아이들은 나를 보고 고개를 끄덕였다. 경기 초반에 젊은 선생님은 국가대표 감독처럼 아이들 경기를 진두지휘했다. 그 열정이 체육관을 뚫고 나갈 기세였다. 경기가 중반쯤 되었을 때, 젊은 선생님의 목소리가 들리지 않아 쳐다보니 지쳐서 바닥에 주저앉아 있었다. 그렇게 경기는 끝이 났다. 우리 반은 경기에서 졌다. 하지만 나는 아이들 한 명 한 명 손바닥을 맞잡으며 열심히 경기에 참여해준 것에 고마움을 전했다. 그 모습을 물끄러미 보고 있는 젊은 선생님의 시선이 느껴졌다. 우리 반 아이들은 그 반 아이들에게 축하한다고 손뼉을 쳐주고 교실로 갔다.

며칠 후, 그 젊은 선생님과 다른 학교에 수업 시연을 보러 같이 갔다. 차 안에서 그 젊은 선생님이 나에게 질문이 있다고 해서 말해보라고 했다.

"선생님, 선생님은 남편분과 안 싸우지요?"

뜬금없는 선생님의 질문에 나는 깜짝 놀랐다.

"네? 부부 싸움이요?"

"네, 선생님은 남편과 안 싸우실 것 같아요."

나는 웃으면서 대답했다.

"싸우긴 싸워요."

"진짜요?"

"1년에 1번 정도. 나도 안 변하면서 상대방에게 변하라고 하는 건 폭력이더라고요. 그래서 상대방 모습 그대로를 인정해주니까 싸울 일이 없네요."

우리 부부는 주말이면 아이들을 놓아두고 둘이서 커피숍을 간다. 남편이 커피숍을 가는 것을 좋아하기도 하지만, 그곳에서 부부만의 시간을 즐긴다. 맛있는 디저트에 차도 마시고 아이들에 관해 이야기도 하고 서로의 생각을 나누기도 한다. 남편과 이야기하다 보면 시간이 너무나 빨리 흘러가 아쉽기도 하다. 나는 남편과 보내는 이 시간이 너무나 행복하다.

둘째는 어렸을 때부터 친구들을 도와주는 것을 좋아했다. 그래서 어린이집이나 유치원에서 적응을 잘 못하는 친구들과도 친하게 지냈다. 선생님께서는 둘째는 혼자 잘하려고 하기보다 다른 사람들까지 잘하게 해준다고 하셨다. 그리고 항상 친구들을 도와주고 어떤 일이든 즐겁게 한다고. 그 모습이 너무나 사랑스럽다고 하셨다.

그런 둘째가 어린이집을 옮길 때 같은 어린이집에 다니는 친구의 어머니에게 연락이 왔다. 유치원을 어디로 옮기냐고 말이다. 자신의 딸이 둘째가 없으면 어린이집에 안 가겠다고 해서 같은 유치원으로 옮기고 싶다고 하셨다. 그 친구는 둘째와 같은 유치원을 다니게 되었다. 둘째는 1학년 입학하기 전에 이사를 왔다. 그 후, 3년이 흘렀다. 얼만 전 친구 어머니가 연락이 오셨다. 자신의 딸이 우리 둘째 이야기를 한다면서 휴대 전화가 있으면 전화번호를 가르쳐 달라고 하셨다. 둘째의 사랑은 어디까지 손이 뻗어 있을까?

둘째가 학원에서 받은 쿠폰을 모아서 가끔 아이스크림을 사온다. 여름에 아이스크림을 사서 먹지도 않고 손에 쥐고 온다. 둘째에게 왜 안 먹고 들고 왔냐고 물으니, 오빠랑 나누어 먹으려고 들고 왔다고 한다. 크지도 않은 아이스크림을 반으로 나누어 오빠와 나누어 먹는 모습을 보면 사랑스럽기 그지없다. 첫째는 그런 둘째를 매일 아침 꼭 안아준다. 그 모습을 본 남편이 이렇게 말했다.

"우리 부부가 행복해서 그런지 아이들도 사랑이 넘치네."

매일 우리 집에는 행복이 피어나고 사랑이 넘친다.

아이가 내 곁에 있다는 것만으로도 늘 감사하다

친정에서 저녁을 먹는 도중 친정 엄마의 휴대 전화가 울렸다. 전화를 받는 친정 엄마의 표정이 점점 어두워졌다. 무슨 일인가 싶어 저녁을 먹다 만 채 쳐다보고 있었다. 전화를 받는 내내 엄마께서는 대답만 하셨다. 그리고 전화를 끊으시는 엄마의 눈시울이 어느새 빨개지셨고, 이윽고 말씀하셨다.

"딸아, 엄마 친구 아들이 죽었다는구나."

나는 말문이 막혔다. 엄마 친구분의 아들은 내가 어렸을 때 같이 놀았던 동생이었다. 내가 대학을 가면서 만나지는 못했지만, 어렸을 때 같이 놀았던 기억은 아직도 생생하다. 엄마 친구분의 아들은 취업을 준비하는 취준생이었다. 계속적으로 취업에 도전했으나 실패했다. 스스로 그 무게의 압박을 이기지 못한 채 극단적인 선택을 했다고 한다.

엄마의 말을 듣고 내 곁에서 밥을 먹고 있는 두 아이를 보게 되었다. 지금은 아이들이 어려서 먹이고, 입히고, 재우는 것에만 신경 쓰겠지만, 학교를 들어가게 되면 아이를 위해서라는 생각으로 내 마음이 지금과 달라질 수도 있다는 생각이 들었다. 그때 '이 아이가 내 곁에 없다면…'이라는 생각을 꼭 하리라 다짐했다.

요즘 취업이 어려워 경제적으로 고통을 겪는 청년들이 많다. 우리 세대는 취업 걱정만 하면 되었다. 그러나 지금은 취업 걱정에 집 걱정에 결혼도 걱정해야 하는 세상이 되었다. 그리고 코로나 시대가 되면서 경제적 위축으로 인해 일자리가 더 줄어 청년들의 마음 또한 꽁꽁 얼어붙게 되었다. 발만 뻗어 잘 수 있는 한 평 남짓한 고시원에서 남에게 피해를 줄까 봐 말도 제대로 못 하고 외로움과도 싸워야 하는 청년들의 모습을 보면 안타깝다.

취업을 못 하면 무능력하게 생각하는 사회적 시선, 인간의 존엄보다 부로 차별받는 세상에서 사람들은 자신의 존재를 점점 잃어가고 있다. 세상은 아무리 열심히 해도 앞으로 나아가기에는 한계가 느껴지고, 게다가 세상은 더 열심히 하라고 부추기며 실패한 것을 개인의 원인으로 치부하고 있다. 경쟁과 서열식 사회에서 우리 청년들은 더 발붙일 데가 없다.

학부모님들과 상담을 하다 걱정의 단계가 있다는 것을 알았다.

아이가 아픈 부모님들은 아이의 건강을 걱정한다. 아이의 건강에 문제없는 부모님들은 교우 관계를 걱정한다. 아이가 건강하고 교우 관계도 원만하면 학업에 대해 걱정한다. 걱정이 끝이 없다. 분명 태어날 때만 해도 항상 하는 말이 "건강하게만 자라다오"였을 것이다.

그러나, 부모가 생각하는 조건이 하나씩 채워질 때마다 부모들은 또 욕심이 난다. 우리는 욕심이 날 때 우리를 돌아봐야 한다. 내가 욕심이 나는 순간을 알아차려야 한다.

나는 내가 욕심이 날 때마다 아이의 어릴 때 웃고 있는 사진을 본다. 그때의 내 마음으로 돌아가기 위해 부단히 애쓴다. '이 아이가 내 곁에 없다면 어떨까?' 생각만 해도 끔찍하고 몸서리친다. 그러고 나서 아이를 쳐다보면 차오르던 욕심이 살포시 고개를 숙인다. 하지만 이 욕심이라는 것은 시도때도 없이 나타난다. 내가 욕심을 부리고 있다는 것을 알아차리지 못하고 이성적인 생각을 감정이 차지할 때 더 빈번하게 나타나게 된다.

내가 4학년 담임을 맡을 때다. 우리 반에는 이란성 쌍둥이가 있었다. 남자아이는 학교에 나와 수업을 했지만, 여자아이는 등교하지 않고 가정 학습을 하고 있었다. 여자아이는 소아 백혈병으로 치료를 받는 상태였다. 나는 학기 초에 여자아이의 얼굴을 한 번도 보지 못했다.

그 당시에는 1학기에 중간고사, 기말고사 시험이 두 번 있었다.

중간고사 날, 나는 그 여자아이를 처음 보았다. 내가 티브이에서만 보고 상상했던 백혈병 아이의 모습이 아니었다. 아주 밝고 건강해 보였다.

그날 시험을 치고 마지막 시간에 미술 수업을 했다. 그 여자아이의 미술 솜씨를 보고 깜짝 놀랐다. 그래서 나는 여자아이에게 이렇게 물어보았다.

"그림 솜씨가 너무나 대단하다. 그림을 따로 배웠니?"

"아니요. 따로 배우지는 않았어요."

등교를 하지 않아 온라인 수업을 들어도 시간이 너무 많이 남는다고 했다. 그래서 남는 시간에 그림을 그리고 책을 많이 읽는다고 했다. 4학년이 되어서 처음 학교에 온 딸아이가 얼마나 궁금할까 싶어 어머니께 먼저 전화를 드렸다.

"어머니, 오늘 효민이 시험 잘 치고 집으로 돌아갔어요. 걱정되셨죠? 효민이가 그림을 너무 잘 그려서 오늘 칭찬 많이 해줬어요. 밝은 효민이 자주 보았으면 좋겠어요. 어머니도 아이 기르신다고 정말 수고 많으셨어요."

어머니는 처음에 아이가 병이 있다는 것을 알았을 때 하늘이 무너지고 땅이 꺼진다는 것이 어떤 것인지 알게 되었다고 하셨다. 아이가 아픈 것이 모두 자기 탓인 것 같아 몰래 눈물로 얼마나 밤을 지새웠는지 모른다고 하셨다. 어느 날, 눈을 떴는데 문득 이런 생각이 들었다고 하셨다.

'아이가 살아서 곁에 있는 것만으로도 얼마나 감사한 일인가?'

언제 죽을지 모르는 아이를 보면서 아이와 어떻게 시간을 보내는 것이 좋을까? 하고 생각을 많이 하신다고 하셨다. 처음에는 그렇게 흘러가는 시간이 아깝고 해주고 싶은 것이 많으셔서 아이가 좋아할 만한 것을 찾아 계속 권했다고 하셨다. 그러던 어느 날, 딸아이가 이렇게 말했다고 한다.

"엄마, 저 바라는 거 딱 한 가지 있어요. 엄마 곁에 있고 싶어요. 엄마의 포근한 향기가 제 코끝을 스치는 이것만으로도 행복해요."

어머니는 그때 아셨단다. 내가 아이 곁에 있는 것만으로도 아이는 행복하다는 것을.

과연 우리는 어떤가? 지금, 이 순간 아이가 곁에 있는 것만으로도 감사함을 느끼는가? 아이가 곁에 있다는 감사함을 잊어버리고 성적표에 있는 숫자만을 좇고 있지 않은가? 나이가 숫자에 불과하듯이 성적도 숫자에 불과하다. 그 숫자가 우리 아이를 대신할 수는 없다는 것을 명심해야 한다.

우리는 아이를 손님과 같이 대하고 생각해야 한다. 아이는 나를 선택해서 우리 집에 온 손님이다. 그래서 손님으로 온 아이에게 폐를 끼치지 말아야 한다. 나는 사람들에게 아이는 손님이고 시부모님은 교장 선생님이라고 말한다. 내가 아이를 손님이라고 생각할 때 아이를 존중하고 배려할 수 있다. 그리고 시부모님을 교장 선생님이라고 생각할 때 나의 말과 행동에 예의가 갖추어지고 실수를 하지 않게 된다. 아이를 손님처럼 대하고 생각해야 하는 이유는 딱 한 가지다. 내가 부모라는 이유로 아이를 마음대로 하려는 것을 경계하기 위해서다.

"엄마, 책 읽어주는 시간이에요."

기대에 찬 아이의 목소리가 안방에서 울려 퍼진다.

"잠깐만, 엄마 이거만 마저 하고 갈게."

"흥, 엄마, 나는 엄마가 책 읽어주는 시간이 하루 중 가장 행복해요. 제가 이 시간을 위해 하루를 열심히 사는 걸요."

"어? "

엄마가 책 읽어주는 시간이 가장 행복한 시간이라는 딸아이의 말에 하던 것을 멈추고 안방으로 갔다. 그리고 딸에게 물어보았다.

"엄마가 책 읽어주는 시간이 왜 좋아?"

"엄마 옆에 누워서 엄마 목소리를 듣는 것도 좋고, 엄마 냄새를 맡고 있으면 행복해요."

아이가 이 시간을 위해 하루를 열심히 살았다는 말, 엄마 옆에 있으면 행복하다는 말을 들으며 생각한다. 아이가 내 곁에 있는 것만으로 늘 감사한 일이라는 것을 말이다.

다른 엄마 말대로 아이를 키우지 않겠습니다

제1판 1쇄 2023년 8월 23일

지은이 김화정
펴낸이 한성주
펴낸곳 ㈜두드림미디어
책임편집 우민정
디자인 얼앤똘비악(earl_tolbiac@naver.com)

㈜두드림미디어
등록 2015년 3월 25일(제2022-000009호)
주소 서울시 강서구 공항대로 219, 620호, 621호
전화 02)333-3577
팩스 02)6455-3477
이메일 dodreamedia@naver.com(원고 투고 및 출판 관련 문의)
카페 https://cafe.naver.com/dodreamedia

ISBN 979-11-93210-14-7 (03590)

책 내용에 관한 궁금증은 표지 앞날개에 있는 저자의 이메일이나
저자의 각종 SNS 연락처로 문의해주시길 바랍니다.

책값은 뒤표지에 있습니다.
파본은 구입하신 서점에서 교환해드립니다.